超越视觉：人脸图像超分辨率理论与应用

卢 涛 著

科 学 出 版 社

北 京

内 容 简 介

本书从理论和实践两个方面展开，系统呈现人脸超分辨率领域的研究成果，并列举低分辨率人脸图像应用领域的新思路和新方法，深入介绍人脸超分辨率的理论基础和算法，为广大科研工作人员、刑侦技术人员提供详细的超分辨率工具和低分辨率识别工具。在研究现有算法的基础上，提出基于场景后验降质模型估计的方法拟合实际的复杂成像场景，以及深度协作表达方法，并将其应用到人脸超分辨率领域，为深度学习理论提供新的解释方法。

本书具有较好的针对性和实际操作性，是广大科技工作者了解前沿技术发展的良好资料。本书可作为计算机相关专业本科生、研究生的专业阅读材料，以及超分辨率应用领域的专业技术人员、刑侦工作专业人员的技术参考资料。

图书在版编目（CIP）数据

超越视觉：人脸图像超分辨率理论与应用/卢涛著. —北京：科学出版社，2018.6

ISBN 978-7-03-057714-6

Ⅰ.①超… Ⅱ.①卢… Ⅲ.①面-图象识别-研究 Ⅳ.①TP391.413

中国版本图书馆 CIP 数据核字（2018）第 123014 号

责任编辑：杜 权 / 责任校对：董艳辉
责任印制：彭 超 / 封面设计：苏 波

科 学 出 版 社 出版

北京东黄城根北街 16 号
邮政编码：100717
http://www.sciencep.com

武汉市中科兴业印务有限公司印刷
科学出版社发行 各地新华书店经销

*

开本：B5（720×1000）
2018 年 6 月第 一 版 印张：10 3/4
2018 年 6 月第一次印刷 字数：240 000

定价：**70.00 元**

（如有印装质量问题，我社负责调换）

前　言

　　人类用眼睛感知五彩斑斓的世界,83％的信息依靠视觉进行感知。
"千里眼"和"顺风耳"一直是古人渴望的超能力,现代社会,借助视觉传
感器,人们已然能够通过哈勃望远镜领略银河星系的璀璨奥妙,还能通
过电子显微镜展现细胞的结构,超越人眼视觉的梦想已经实现。然而,
在实际的应用中,由于传输带宽的限制、复杂的成像条件、运动模糊、传
感器器件噪声、远离摄像头等因素,各类监控摄像头获得的观测图像或
视频常常分辨率低、图像质量差,无法满足对目标对象的辨识需求,依赖
于机器视觉的各类应用遇到了巨大的技术瓶颈。

　　超分辨率技术主要用来提升图像的分辨率,增强图像的细节信息,
在侦查取证、遥感、安防监控、卫星图像处理等领域获得了广泛的应用。
近年来,超分辨率技术已经成为研究热点,受到全世界范围内学者的关
注。从理论的角度,从观测到的低分辨率图像推测合成高分辨率图像是
一个典型的病态求逆问题,是围绕数据库样本提供的先验知识展开各种
约束求解理论和方法的研究。从实际应用的角度,刑事侦查、人脸识别、
图像的超分辨率重建,都聚焦于增强低分辨率输入图像的高频细节信
息,扩展先验信息的来源,构建方便实用的超分辨率增强服务体系,提升
实际工作的效率是核心键。因此,本书关注的是如何超越现有的视觉传
感器的限制,从理论和实际两个方面深入研究超分辨率技术,围绕低质
量观测视频图像的分辨率增强,研究人脸图像的超分辨与识别技术,并
探讨这些技术在机器人视觉领域的进一步应用。

　　人类智能一直是科学研究的核心问题,包括人类感知世界,识别物
体,逻辑推理和想象,从神经元到突触,从大脑皮层到感情体验,每一个
环节无不和视觉相关。超越现有观测到的低分辨率视觉,利用机器学习
理论和方法拟合视觉的识别过程,一直是机器视觉领域研究者的梦想。
在这样一个梦想的鼓舞下,本书着重分析人脸超分辨率的理论、算法和

应用体系，系统介绍人脸超分辨率的研究理论基础、前沿算法和实际应用案例，给读者以启发，并呈现出本课题组在系统研究过程中获得的部分研究结果供技术同行参考。

本书共 8 章。第 1 章是绪论，介绍本书研究的背景和意义，超分辨率问题在理论和实践中遇到的问题，为读者呈现研究对象和领域。第 2 章介绍基于后验信息的图像降质过程自适应估计，拟合实际复杂场景的图像降质过程，增加超分辨率的实际效果，展现本课题组在实际工作中遇到的案例和部分实验结果，便于读者了解相关技术的实用性。第 3 章为基于半耦合非负表达的自适应全局脸超分辨率算法，在全局脸算法中引入核非负表达分解，探索在先验表达中的非线性方法的有效性。第 4 章介绍基于主成分稀疏表达的自适应局部脸超分辨率算法，研究主成分稀疏表达在图像块上的合成与表达方法。第 5 章介绍基于深度协作表达的人脸超分辨率算法，将传统的浅层表达方法推广到深层表达体系，和现有深度学习方法无法进行物理对应解释不同，深度协作表达方法提出多层的可解释的表达机制，为深度学习方法提供了新的途径。第 6 章为基于低秩约束的极限学习机高效人脸识别算法，极限学习机的训练时间非常短，克服了深度学习算法训练对 GPU 的依赖和巨大的算法开销。第 7 章介绍基于图像超分辨率极限学习机的极低分辨率人脸识别算法，在获得超分辨率人脸图像的基础上进行人脸识别，提出极低分辨率的人脸识别算法，取得了较好的识别效果。第 8 章介绍基于云计算的刑侦图像增强服务框架，系统介绍本书研究的算法如何构建成为云计算服务模式，以及在实际案例中的处理方法和结果，为刑侦领域人员提供新的业务工作模式。后记详细总结本书的研究内容，并对未来的研究进行展望。

本书得到国家自然科学基金项目"基于时空域流形一致性学习的监控视频超分辨率研究"湖北省自然科学基金项目"面向智慧家庭的服务机器人基础技术问题研究""机器人全景立体视觉成像与重建理论及关键技术研究""基于多层并行核极限学习机的机器人视觉图像超分辨率研究"的资助。

感谢武汉大学计算机学院胡瑞敏教授、武汉工程大学张彦铎教授对本书的研究工作给予极大的支持和指导，感谢朋友在科研工作上的帮助与启发，感谢家人为作者研究工作的努力和付出。

卢　涛

2017 年 10 月于武汉

目　　录

第 1 章 绪 论

1.1　研究背景和意义

改革开放以来,我国经济进入高速发展时期,在社会发展取得举世瞩目成绩的同时,也进入了矛盾凸显期。中国社会科学院的"当代中国社会结构变迁研究"课题组指出:我国人均 GDP 已经进入 1 000 美元到 3 000 美元的时期,既是黄金发展时期,又是矛盾凸显时期。在新的形势下国内安全形势出现了新的变化:保障人民群众的生命财产安全成为国家的重要关注点。

为了保障公安安全、维护社会稳定,我国政府积极推动"应急体系""平安社会""平安城市""3111 工程"等重大项目的实施,利用先进的安防技术对突发事件和安全隐患进行预防。近年来国家投入 3 000 亿元资金在全国 660 多个城市实施平安城市视频监控工程,建立了较为完善的视频监控体系。这些已建成的视频监控系统在公安机关的刑事侦查业务中得到了广泛应用,并发挥了重要作用。视频侦查技术已经成为新的破案增长点,公安机关中的视频图像业务已经成为发展最快的业务之一。视频侦查技术已成为继刑事技术、行动技术、网侦技术之后侦查破案的第四大技术支撑[1]。监控视频在刑侦业务中的作用越来越重要,部分地区的公安机构成立了专门的视频侦查支队,有效地整合、集约利用社会监控资源,是公安刑侦手段的创新,有效地提高了刑事侦查的效率,为保障人民群众的安全和维护国家稳定发挥了重要作用。

刑事侦查的主要目的是重现案件现场的嫌疑目标的犯罪活动轨迹,并取得实际的证据,从而侦破案件。实际的工作中,侦查员都是以案发现场为中心,从时间和空间维度上获得犯罪嫌疑人的活动规律,进而通过分析、推断获得嫌疑目标的犯罪证据,对监控视频中出现的人进行准确识别是破获与分析案情线索的关键与核心。然而,在实际监控应用中,嫌疑目标常常难以直接辨识,主要原因是:一方面摄像头和人脸距离通常较远,低分辨率的目标图像难以提供足够的可供识别的细节信息;另一方面视频监控系统中光学器件模糊,现场环境、传输压缩噪声等干扰,使目标对象的细节信息出现误差,难以提供人脸辨识所需要的特征信息。因此,对实际的低分辨率人脸图像进行分辨率提升处理,进而提升目标图像的可辨识度是视频侦查业务的核心技术需求。如图 1-1 所示,人脸超分辨率技术能够利用人脸样本图像重建出与原始低分辨率人脸图像最相似的高分辨率人脸图像,有效增强监控视频中低质量人脸图像的分辨率,从而恢复出人脸可供识别的特征细节信息,这对提高人脸图像的分辨率、提升人脸辨识的准确性,进而提高公安机关的破案率具有重要意义。

输入图像　　　　　　样本图像　　　　　　　　　　重建图像

图 1-1　实际人脸图像超分辨率增强原理示意图

为了解决实际监控环境的人脸超分辨率问题,从 2008 年起,作者课题组开展了人脸超分辨率等刑侦图像应用领域关键技术的研究。在研究和实验过程中发现,现有人脸超分辨率算法虽然对仿真条件下的低分辨率图像具有较好的质量增强效果,但是对刑侦应用中实际监控图像的增强效果却显著下降。

　　如图 1-2 所示,监控视频的成像过程主要由四个部分组成:成像对象的物理场景、光照与反射、摄像机成像、数字图像处理。虚线框中是每个组成部分中对成像造成影响的因素,其中,摄像机成像环节包含光学成像和电荷耦合器(charge coupled device,CCD)成像完成光学信号到电信号的转变过程。依据光学成像原理和 CCD 采样设备原理,结合国内外文献,总结造成实际监控视频分辨率下降的主要原因如下:

　　(1) 成像系统本身的局限。根据光的干涉与衍射现象,光学器件对空间中的物体分辨率有极限,光学器件自身的点扩散效应也会对成像造成模糊,与此同时,从光学图像到实际电信号的采样过程也有局限,如常见的 CCD 成像存在空间分辨率的局限。同时,图像在传输、编码过程中产生的噪声都会直接影响实际图像的分辨率。

　　(2) 环境因素。例如,气候对成像的影响、雨雾天气造成的水汽会直接影响成像的清晰度,大气扰动会给成像过程带来模糊;光照等自然条件也会给成像造成干扰,如在夜间和针对光源的极端光照环境下,成像质量急剧下降,这些因素也会影响实际监控图像的分辨率。

　　(3) 摄像过程因素。在实际监控中,目标对象的运动会造成运动模糊,姿态变化导致的侧面人脸会增加识别难度,摄像机拍摄焦距不准,也会造成散焦模糊、目标对象的遮挡等,这些都是监控视频中常见的影响图像分辨率的因素。

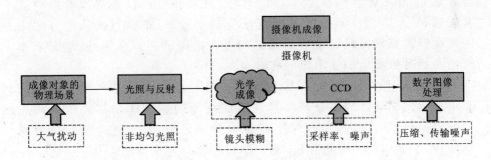

图 1-2　监控设备成像过程示意图

　　与仿真实验最大的不同之处在于仿真实验所使用的样本库是高质量高分辨率图像,输入的测试图像是经过假定的降质过程获得。然而,实际监控视频图像质量受上述因素影响,降质过程难以准确估计。当假定的图像降质过程和实际的降质过程存在差异时,在仿真实验条件下获得良好重建效果的传统超分辨率算法,对实际监控视频图像不能获得理想的重建效果。与此同时,实际降质干扰使得传统超分辨率的流形一致性假设难以保证,导致重建的超分辨率图像质量急剧下降。最后,实际监控环境中的诸多因素均会对图像产生降质干扰,导致像素变暗、失真、混叠,实际降质干扰增大了图像表达的误差,进而影响超分辨率图像的重建质量。

因此,针对实际图像多样性和成像模糊、噪声干扰导致的低分辨率监控图像重建质量急剧下降的问题,研究对环境自适应、对降质干扰鲁棒的超分辨率技术是实际监控视频刑侦图像应用中人脸超分辨率深度应用亟待开展的工作。这对于攻克先验知识不准确和降质干扰导致的人脸超分辨率重建图像质量急剧下降的重大技术难题,提高实际监控中低质量人脸辨识的准确性,进而提高公安部门破案率、维护人民群众生命财产安全具有重要意义。

1.2 国内外研究现状

超分辨率技术主要用来提升图像的分辨率,增强图像的细节信息,在侦查取证、遥感、安防监控、卫星图像处理等领域获得了广泛的应用。近年来,超分辨率技术已经成为研究热点,受到全世界范围内学者的关注。然而,在实际监控视频中,由于监控对象和监控设备之间的距离通常较远,导致监控视频中的目标对象分辨率较低,难以直接从低分辨率图像中获得嫌疑目标的细节信息进而进行准确的研判。因此,超分辨率算法是提升低质量刑侦图像的有效工具之一。

从观测到的低分辨率图像推测合成高分辨率图像是一个典型的病态求逆问题。现有的超分辨率算法试图用不同的方法来解决这个病态问题,超分辨率算法按照技术手段可以分成三类:基于重建的超分辨率算法、基于插值的超分辨算法、基于学习的超分辨率算法。

基于重建的超分辨率算法需要从同一场景的多帧低分辨率图像中恢复出高分辨率图像。需要对输入的多帧图像进行配准,然后通过多帧信息将低分辨率图像中的像素点安排到高分辨率图像的网格中,从而实现对低分辨率图像的分辨率增强。基于重建的超分辨率算法[2-5]受配准精度、降质模型误差和信号噪声的影响,从而导致其重建高分辨率图像的能力受到限制。相关文献[6]已经证明在一般情况下,基于重建的超分辨率算法有效的放大倍数仅为 1.6 倍。但是,基于重建的超分辨率算法有较好的信号还原能力,在图像配准精度较高的遥感图像领域应用范围广泛,取得了良好的重建效果[6]。

基于插值的超分辨率算法[7-9]的核心思想是将低分辨率图像安排在高分辨率图像的网格中,利用邻近插值点像素值计算待插值点的像素值,这类方法的计算复杂度低,容易实现,已经成为应用最为广泛的超分辨率算法[11]之一。但是,基于插值的超分辨率算法对噪声比较敏感,对图像边缘部分的处理存在过平滑现象,特别是在放大倍数比较大的情况下,难以取得理想的效果。

基于学习的超分辨率算法通过样本库中的先验知识来约束重建过程,将机器学习与统计学习的理论和方法应用到超分辨率算法中,样本的先验信息给图像重建提供了更多的信息,从而提升了超分辨率重建图像的主客观质量。近年来由于其良好的重建效果受到广泛关注,成为图像超分辨率研究的热点方向。

在实际研究过程中发现,现有的基于学习的超分辨率算法在仿真条件下能够取得较好的主客观图像重建质量,然而在针对实际监控环境下输入的超分辨率图像难以达到令人满意的效果。其原因有两点:①基于重建的超分辨率算法依赖于信号的降质模型,利用模型先验信息约束高分辨率图像求解过程;基于学习的超分辨率算法依赖于高低分辨率的样本库所提供的先验知识,而低分辨率的样本库制备依赖于图像的降质模型。因此,无论是基于重建的超分辨率算法还是基于学习的超分辨率算法都依赖于准确的图像降质过程估计,传统的方法是利用通用图像先验估计图像模糊核,然而由于图像降质过程的复杂性和图像内容的多样性,利用图像先验信息约束实际监控图像降质模糊核估计会增大误差,进而降低超分辨率算法的重建质量,因此获取与实际降质过程一致的准确降质约束成为解决实际超分辨率问题的一个关键点。②基于流形学习理论的超分辨率算法假设高低分辨率图像具有相似的局部几何一致性,然而实际成像过程中的噪声和扰动带来的干扰,使得高低分辨率图像对应的流形一致性发生了改变,高低分辨率图像之间的几何一致性假设无法保证,使得图像的重建质量下降;另外,实际监控视频图像中存在的降质干扰,使得现有的基于图像内容表达的超分辨率算法的重建误差增大,在合成输入图像内容的同时,将噪声等降质干扰也进行了合成,导致实际监控图像的超分辨重建质量急剧降低,这直接制约了人脸超分辨率在刑事侦查中的应用效果。

　　因此,本书将针对面向实际刑侦应用的人脸超分辨率开展研究,从图像的降质模型与人脸超分辨率两个方面进行综述。

1.2.1　图像降质模型研究现状

　　图像的降质模型是描述图像从理想的高分辨率到实际观测到的低分辨率图像成像过程的数学模型[12]。而光学图像的成像是一个复杂的光电转化过程,其物理成像过程完整描述了理想的物理场景成像到电子图像的转化,如图 1-2 所示。为了准确地分析成像系统降质过程中的各种因素,并对这些降质因素进行建模和数学分析,本书首先介绍图像的物理成像模型,从光学成像角度分析光学镜头、成像器件、下采样、系统噪声对生成图像的不同影响及其数学表达形式。然后在获得图像降质模型数学表达的基础上,对目前降质模型中图像降质模糊核估计技术进行深入的分析与研究。因此,本部分内容从图像的物理成像模型和图像降质模型两个方面展开论述。

1.2.1.1　图像的物理成像模型

　　如图 1-2 所示,影响图像成像质量的主要因素是镜头的光学模糊、CCD 模糊、下采样和系统噪声。本书依据图像的成像过程,分别对成像的每个环节进行建模与分析。

1) 光学模糊

　　理想的光学系统假设从传感器获得的辐射图是和景物具有几何一致的副本图像。一般来说,受光学衍射效应的影响,景物中一点在成像系统中往往是一个小的模糊核作用后的结果,如图 1-3 所示。现有文献中将光学成像系统用线性移不变系统进行建模。假设景物用函数 $f(x,y)$ 表示,图像用 $g(x,y)$ 表示,模糊核是卷积形式的点扩散函数,可以得到如下公式:

$$g(x,y) = h(x,y) * f(x,y) \tag{1.1}$$

其中:$h(x,y)$ 表示点扩散函数,$*$ 表示卷积操作。通常对光学系统产生影响的因素主要是光圈的衍射点扩散函数,对于衍射受限的光学系统,有

$$h_{\text{optics}}(x,y) \approx h_{\text{diff}}(x,y) \tag{1.2}$$

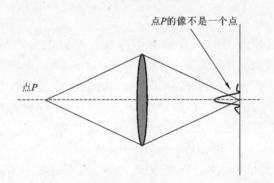

图 1-3　光学系统中点的成像点扩散现象

2）成像器件模糊

　　成像器件模糊主要是 CCD 模糊，可以定义成探测器的点扩散模糊与检测器的采样模糊两个操作，过程如图 1-4 所示。CCD 采样出现的景物模糊可以看成探测器孔径点扩散函数与景物图像的卷积。检测器采样模糊：由于光线到达一个检测器上时，检测器的中心产生一个输出，这样在检测器中心之间的部分信息会丢失。

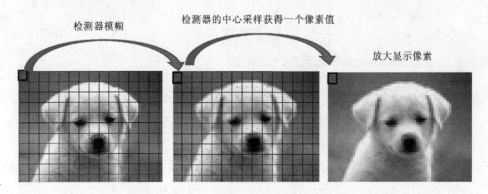

图 1-4　CCD 模糊与检测器采样模糊操作

　　基于以上模型，经过光学模糊、CCD 模糊与采样混叠后的传递函数为

$$H_{image}(\xi, \eta) = H_{optics}(\xi, \eta) \times H_{detector}(\xi, \eta) \tag{1.3}$$

其中：式（1.3）为频域图像生成模型，空域中的卷积操作在频域中变换成乘法操作。

3) 下采样

理想光学成像获得的高分辨率图像具有很好的分辨细节，然而 CCD 采样受器件的影响，图像的成像具有和 CCD 一致的分辨率，定义高分辨率图像到低分辨率图像的过程为下采样，如图 1-5 所示，图 1-5(a)是高分辨率图像像素网格，图 1-5(b)是对应的低分辨率图像像素网格图，图 1-5(a)中的四个像素下采样成为图 1-5(b)中的一个像素。

$$A = \omega_1 A_1 + \omega_2 A_2 + \omega_3 A_3 + \omega_4 A_4 \qquad (1.4)$$

其中：A 表示像素值，ω 表示合成权重，常用的下采样使用四像素取一个像素安排到低分辨率图像网格中，或者取高分辨率四个像素的平均值作为低分辨率像素。

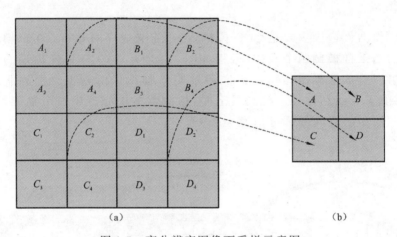

图 1-5　高分辨率图像下采样示意图

4) CCD 噪声

当光子到达 CCD 传感器表面时，CCD 的检测器会产生与光子强度相当的电压值，这个过程会产生随机噪声，特别是在光线比较弱的情况下，到达 CCD 检测器表面的电压值很微弱，甚至与 CCD 自身的电荷相当，这样产生的是 CCD 暗电流噪声。随机噪声会增加信号的不确定性，用标准差来衡量。如果噪声的分布是独立的，那么系统噪声方差是各种噪声方差之和。对于各种不同的噪声，整体噪声的标准方差为

$$\sigma_{\text{noise}} = \sqrt{\sum_{n=1}^{N} \sigma_n^2} \qquad (1.5)$$

其中：n 为噪声的种类，当信号强度较大时，主要的噪声是光子噪声，其主要是由到达检测器时的随机波动引起的。

假设观测到的低分辨率图像为 y，从高分辨率图像到低分辨率图像的下采样过程定义为 D，大气扰动、光学系统、CCD 成像模糊等因素根据统计特性都定义为高斯模型，根据高斯函数的特性，将各种模糊的卷积进行叠加，这样可以定义成像系统的模糊为 B，图像的形变矩阵为 W，需要的高分辨率图像为 H，n 为系统噪声。降质过程矩阵形式的数学模型为

$$y = DWBH + n \qquad\qquad (1.6)$$

1.2.1.2 图像降质模型的研究现状

在超分辨率算法中，图像降质过程的估计直接影响超分辨率重建图像的质量，目前大量的文献研究了该病态方程的求解问题。获得方程 (1.6) 的准确解的前提是影响图像降质的因素 D（下采样）、B（系统模糊）、W（图像形变）和 n（噪声）能够准确获得。大量的文献[1-6,9-12]经过实验证明了一般系统噪声可以用服从高斯分布的白噪声进行拟合，下采样过程一般采用常用的均值滤波方法实现，图像降质过程难以估计的关键是图像模糊核难以准确估计。因此，本书对降质模型的综述主要从降质模糊核估计方面展开。

在本书中，将图像的降质过程估计集中在图像模糊核估计方面。图像模糊核估计一般为盲估计，其图像的模糊形式和真实图像均有无限多的解，因此对于图像模糊形式的估计和对图像的估计均是病态问题。在盲估计的相关综述[13]中指出，大多数模糊核估计问题可以归结为基于贝叶斯理论的最大后验概率优化问题，各项研究工作的不同点在于优化函数不同以及关于输入图像降质的先验知识不同。例如，针对失焦模糊，往往利用均匀强度的环形滤波器对其进行建模[13]；对于运动模糊，往往利用均匀强度的直线段模型对其进行建模[14]。

1999 年，You 和 Kaveh[15]分析了传统方法在图像恢复的过程中的振铃效应，指出没有利用像素间依赖关系是导致该问题的原因，对利用各向异性正则项对像素间依赖关系进行建模，并用以约束模糊核的求解。由于选用了与图像内容变化的强度和方向匹配的正则约束项，该方法增强了模糊核参数的估计精度，使图像的边缘得到更好的恢复。实验表明，对于一些线性运动模糊和失焦模糊，该方法能够取得较好的复原图像。

2003 年，新加坡南洋理工大学 Yap 等[16]针对传统模糊核估计方法在估计模糊核参数之前需要判断模糊核类型，进而增加模糊核估计误差的问题，提出了基于软判决的模糊核估计模型，通过预先设定若干个模糊核模型，并利用模糊理论对这些模糊核模型进行融合，该方法减轻了对模糊核形式的限制，增强了对于实际模糊核的逼近能力。实验表明，其对各种不同类型的模糊核生成模糊图像均有一定的恢复能力。

2005 年，以色列海法电子研究所的 Kaftory 和 Sochen[17]提出了一种十分新颖的方法，他对于模糊核模型几乎没有加任何限制，采用矩阵来描述模糊核。从其文章来看，其最大采用了 5×5 的矩阵来对模糊核建模。同时，其利用各向异性的 Beltrami 正则项来约束模糊核的求解过程。实验结果表明，Beltrami 正则项可以比总变分（total variance，TV）正则项获得更好的约束效果，对经由不同模糊核生成的模糊图像进行复原，不加限制的模糊核模型比对称的环形模糊核信噪比可以提升 2~4 dB。

2006 年，麻省理工学院的 Rob Fergus[18]提出了一种基于梯度分布模型的模糊核估计算法。统计规律发现：自然的、清晰的图像满足特定的"重尾分布"，而模糊图像的梯度分布相去甚远。在此基础上构建基于最大后验概率的交替迭代优化模糊核与清晰图像的算法框架，该算法面向全局运动去模糊处理，图像主观质量大幅度提升。然而，图像的全局运动在监控场景中比较少见，监控中常见的场景是目标图像的局部运动。

2009，美国西北大学的 Babacan 等[19]利用分级贝叶斯模型对潜在图像、模糊核参数以及噪声进行同时估计，同时利用 TV 正则项进行约束。其将多个因素造成的模糊用高斯函数来逼近，并将高斯函数的方差作为模糊核参数。但针对实际图像，由于多种因素的影响，其模糊核形式不同于高斯函数，因此会导致模糊核估计不准确。

2010 年，里斯本理工大学的 Almeida[20]在 Kaftory 的基础上提出一种新模糊核估计先验，其仅假设大多数潜在清晰图像的主要边缘是尖锐的和稀疏的。因此，其利用了边缘检测模型来表达图像的先验知识，并将其融合到 TV 正则项。通过反复迭代优化清晰图像的估计和模糊核估计，最终使二者收敛，得到清晰图像。但是在 2011 年，麻省理工学院的 Freeman 等在 PAMI 上发表的文章证明，边缘稀疏性的假设，会造成图像去模糊后收敛于平坦图像，从而造成整个图像恢复失败[21]。因此，需要对模糊核进行直接估计，再用模糊核去卷积，而非对模糊核与潜在的清晰图像联合估计。

　　2011 年，Freeman 等在 CVPR[23] 上提出了对模糊核估计的迭代算法框架，其核心思想是将潜在的清晰图像看成随机变量，并非直接对潜在的清晰图像进行估计优化，而是对潜在的清晰图像的每一种可能性进行优化，使得模糊核的估计对潜在清晰图像的恢复在统计上有帮助。此方法假设图像的梯度信息符合混合高斯模型或者其他统计分布模型。但是，图像的梯度分布模型和图像内容、光照条件等息息相关，纹理图像和平坦图像的梯度分布肯定存在差异。即便是同一内容，由于受光照影响，白天的图像梯度会大于晚上的图像梯度，从而造成图像的梯度分布早晚存在变化。因此，在实际应用中，存在模糊图像的梯度分布和先验的梯度分布不一致的情况，这会造成图像恢复不正确。

　　2011 年，美国海军研究实验室光学研究部的 Smith 在模糊核估计综述文献[23] 中的仿真实验表明：在图像中存在运动模糊，输入图像 SSIM（图像结构相似性度量，越接近 1 表示图像质量越高）为 0.74 时，利用通用边沿先验的模糊核方法重建图像 SSIM 为 0.598，而利用运动模糊先验稀疏约束模型方法重建图像的 SSIM 为 0.747，和准确的先验模型方法相比，传统方法重建图像 SSIM 降低了 19.9%，表明在实际图像模糊核估计中利用准确的先验知识能够提高超分辨率重建图像客观质量。

　　2012 年，中国科学院计算技术研究所的张学龙等[24] 提出了模糊核、仿射形变和超分辨率图像三耦合变量的联合估计算法，证明了模糊核估计与多帧图像的仿射形变的互换性，以及在盲多帧超分辨率算法中的模糊核与形变估计算法，较好地回避了多帧配准误差对重建图像的负面影响问题，获得了较好的图像重建质量。该论文在标准测试图像上进行仿真实验表明：采用单帧图像消去运动估计误差，在输入图像的信噪比为 50 dB（图像质量高，消除噪声干扰），放大倍数为 2 的情况下，基于通用先验盲估计模糊核的前沿算法超分辨率重建图像的客观质量比实际模糊核情况下重建质量降低了 3 dB，证明图像降质过程的估计误差制约了超分辨率图像重建质量。然而，该算法所利用的模糊核估计算法只利用了对图像和模糊核的一般性先验约束，没有考虑监控环境中的特定的图像降质过程约束。

　　基于以上分析，图像模糊核估计是超分辨率重建的关键要素，现有的图像模糊核估计一般利用自然图像或者样本图像库的统计特性作为其先验知识，无论是基于参数的模糊核估计算法还是基于非参数的模糊核估计算法都依赖于统计先验。但在实际应用中，由于受图像内容多样性和光照的变化性，存在先验知识和实际统计分布不一致的情况。利用不正确的先验知识对图像去模糊过程进行约束,会造成图像模糊核估计误差增大,进而影响超分辨率的重建质量。文献[24]仿真实验表明,准确的模糊核先验图像重建质量相比传统算法的 SSIM 值提升了 24.9%。

1.2.2　人脸超分辨率方法研究现状

　　人脸超分辨率算法按照应用的对象不同,可以分为正面无表情人脸超分辨率算法和多表情多姿势人脸超分辨率算法。正面无表情人脸超分辨率算法主要解决正面低分辨率人脸图像的增强问题,而多表情多姿势人脸超分辨率算法则主要解决输入人脸中存在表情和姿势变化情况下的图像增强问题。基于学习的人脸超分辨率算法依赖样本库建立输入的低分辨率图像样本和目标高分辨率图像之间的关系,其理论问题和技术瓶颈均存在于其基于学习的人脸超分辨率算法本身,因此本书重点关注正面无表情人脸超分辨率增强算法,该算法对于刑侦应用中的嫌疑人识别具有广泛的应用前景,多表情多姿势问题作为下一步研究计划。

　　2000 年,三菱研究所的 Freeman 等[25]最先提出了基于学习的超分辨率算法框架,分析了基于学习的超分辨率算法的核心是通过图像库中的高、低分辨率图像对,利用合适的数学工具来描述高低分辨率图像块之间的对应关系。2002 年,美国卡内基梅隆大学的 Baker 和 Kanade[10]已经证明超分辨率重建的过程是一个病态问题,从理论上讲,重建的高分辨率图像有无穷多个,因此在病态问题的求解中需要引入先验约束,先验约束越准确,求解的精度越高。因此基于学习的人脸超分辨率算法的两个核心问题在于学习准确的高低分辨率图像对应关系和获得准确的先验知识约束重建。

　　围绕这这两个核心问题,基于学习的超分辨率算法框架一般分为全局脸算法和局部脸算法,全局脸算法是指将整幅人脸图像作为变量进行分解与合成,利用了人脸图像的整体性,对噪声具备一定的鲁棒性;局部脸算法是将人脸图像划分成小块,对每一个小块进行分析与合成,最后将推导获得的高分辨率块拼合起来组成人脸图像。这两类方法是人脸超分辨率算法中的基础性技术框架,因此本书人脸超分辨率算法的研究从全局脸和局部脸两个大的方向展开。

1.2.2.1　全局人脸超分辨率研究现状

　　2000 年,卡内基梅隆大学的 Baker 和 Kanade[26]首次提出了基于学习的人脸超分辨率算法,并将其称为"幻觉脸",该算法建立了高分辨率图像的多分辨率的特征高斯金字塔模型,利用图像的特征在金字塔模型不同的分辨率空间中进行匹配,从输入图像特征匹配的角度寻找其对应的高分辨率特征,利用贝叶斯推理框架建立高分辨率图像的生成优化模型,重建出高分辨率的人脸图像。该算法获得了相比于插值和传统基于马尔可夫随机场图像模型更好的重建效果,该算法从特征匹配的角度进行超分辨重建依赖于所建立的高斯特征金字塔模型,当样本特征提取存在混叠时,其主观重建质量的提升空间有限。

2001 年,英国牛津大学的 Capel 和 Zisserman[27]利用人脸样本图像的主成分分析(principal component analysis,PCA)获得的特征脸表达作为先验约束,利用最大后验概率(maximum a posteriori,MAP)估计器从低分辨率特征脸表达空间恢复出对应高分辨率人脸图像,该算法的核心在于通过大量的训练样本获得学习的表达模型。相比于传统的插值方法,由于引入了样本图像的先验信息,有效提高了超分辨率重建图像的质量。但是该方法对人脸对齐的要求较高,且假设特征脸分布符合高斯模型,限制了其应用范围。

部分学者从满足人脸识别需求的角度来考虑超分辨率问题,将人脸超分辨率与识别结合起来。2003 年,佐治亚理工学院的 Gunturk 等[28]提出在低维样本库进行主成分分析获得特征脸表达的超分辨率算法,该算法在低分辨率样本图像空间进行主成分分解,其数据的处理维数相对于高分辨率样本有大幅度的降低,因此该算法有效降低了超分辨率的运算复杂度,其主成分先验表达模型提升了噪声环境下的人脸识别率。然而,该算法的目标是提高人脸识别性能,忽略了重建图像在主观视觉上的表现。

2005 年,香港中文大学 Wang 和 Tang[29]提出一种基于特征变换的人脸超分辨率算法,首先利用主成分分析将输入的低分辨率人脸图像投影到低分辨率样本库所张成的特征子空间中;然后将低分辨率输入图像的投影系数转化到低分辨率样本库图像表达空间中,获得在低分辨率样本库所张成的子空间中的表达系数,并假设高低分辨率图像重建的表达系数具有流形一致性;最后利用低分辨率的表达系数在高分辨率空间进行合成,输入对应的高分辨率图像,该算法将人脸图像作为一个整体进行处理,并利用主成分分解来获得图像的内在表达特征,因此该算法对输入图像中的噪声具有较好的鲁棒性,同时该算法易于实现,已经成为众多基于学习的人脸超分辨率算法的经典对比算法。然而,该算法假设高低分辨率图像的表达系数具有流形一致性，在实际图像超分辨率算法中这样的假设常常难以满足。

2007 年，浙江大学的庄越挺等[30]提出了基于局部保持投影（locality preserving projection，LPP）的全局脸超分辨率算法，为了解决高低分辨率图像表达系数流形一致性问题，该算法利用高低分辨率图像在局部保持投影所获得的特征空间中具有更好的一致性的原理，通过获得输入图像的 LPP 特征，使用径向基网络构建 LPP 特征与高分辨率图像的回归关系，相比于特征转换算法，该算法将流形一致性的假设进一步限制在图像的最邻近样本空间，获得了较好的效果。然而，该算法在人脸边缘部分存在过约束现象，导致人脸的边缘部分存在重建混叠，降低了主观图像质量。

为了解决全局脸算法边缘存在的"伪影"现象，2009 年，北京理工大学 Hu 等[31]提出了一种基于区域的特征变换人脸超分辨率算法，主要思路是将人脸划分成不同的区域，对不同的区域分别进行特征分解，对输入的低分辨率人脸图像按照区域在样本所张成的空间中进行分解，将特征转化到高分辨率图像空间进行合成，然后将不同区域组合起来，合成高分辨率图像。该方法将人脸分成不同区域进行处理，提高了区域中人脸细节特征的恢复能力，但是在多区域的融合边缘部分容易产生混叠信息，因此需要对这些融合区域进行平滑处理。该算法提升了人脸重建图像的局部信息表达能力，但是多区域融合也引入了新的误差。

2010 年，西安交通大学 Huang 等[32]利用典型相关分析法提取高分辨图像和低分辨率图像的相关子空间，从而增强高、低分辨率图像变换域空间拓扑结构的一致性，获得了更好的高分辨率图像重构效果。典型相关分析法较好地解决了高低分辨率特征空间表达不一致的问题，在获得高低分辨率表达系数的同时提升了不同分辨率样本相互表达的能力，因此在全局脸重建中获得了良好的重建效果。该算法利用样本的线性表达模型合成人脸图像，对于复杂的高低分辨率对应关系的表达存在缺陷。

为了解决线性合成人脸图像模型表达能力的缺陷问题，2011 年，四川大学吴炜等[33]提出了核偏最小二乘的超分辨率算法，该方法将图像特征表达的线性关系推广到非线性关系，利用核空间的偏最小二乘法获得高低分辨率在非线性空间的一致表达方法，由于将原来的图像特征从线性关系推广到非线性关系，重建图像的高阶统计特性得以表达，与此同时，偏最小二乘法可以对输入的图像噪声产生一定的抑制作用，所以该方法取得了较好的重建效果。该算法充分利用了核空间表达方法对于非线性关系的表达能力,但是偏最小二乘法利用的主成分表达字典中对于局部信息表达能力不足,因此对人脸器官等部分局部细节重建效果有限。

2011 年,北京理工大学 Hu 等[34]提出了一种基于核空间的学习框架来解决人脸超分辨率问题,该算法使用核方法,将人脸特征投影到核空间中,使用特征变换方法合成高分辨率人脸图像,该算法利用核技术方法揭示了人脸合成中高低分辨率图像之间复杂的对应关系,重建效果相对于传统的特征转换方法 PSNR 值提升了 1.86 dB,相比线性表达的全局脸方法 PSNR 值提升了 7.2%。然而,该算法没有考虑在核空间中的高低分辨率图像的表达流形一致性问题,在实际监控图像受降质干扰的情况下,图像的重建效果无法满足实际要求。

全局脸超分辨率算法将人脸的整幅图像作为处理对象,利用其全局特性重建输入低分辨率图像对应的高分辨率图像,其核心环节在于高低分辨率图像表达系数之间的流形一致性,现有的全局脸超分辨率方法在高低分辨率图像表达系数的流形一致性程度高的情况下已经能够重建出较好质量的输出图像,然而在实际监控环境中,输入的低分辨率图像受到降质干扰,影响了其表达系数的流形一致性,导致全局脸算法的重建质量下降。实验表明,相比线性表达的全局脸方法,非线性全局脸算法的 PSNR 值提升了 7.2%。因此,实际监控环境下,学习高低分辨率图像表达系数的非线性流形一致性关系是实际监控图像全局脸超分辨率技术中亟待解决的关键问题。

1.2.2.2　局部人脸超分辨率研究现状

局部人脸超分辨率算法和全局人脸超分辨率算法对图像的处理方式不同,局部脸算法将人脸图像分割成更小的图像块进行处理,从样本中学习每一个高低分辨率图像块之间的对应回归关系,最后将生成的高分辨率图像块拼合成高分辨率图像输出。和全局脸算法相比局部脸算法的重建的局部信息更丰富,相比全局脸有更强的细节表现能力,故而获得广泛的应用。

2000 年,三菱研究所的 Freeman 等[25]提出了基于马尔科夫随机场的样本分块学习超分辨率算法,该算法用马尔可夫随机场来描述高低分辨率图像之间的关系,通过样本学习获得该随机场的参数,同时利用最大后验概率框架推导输入低分辨率图像块的潜在高分辨率图像块,该算法将样本的示例信息引入超分辨率重建算法，在通用图像上获得了较好的重建效果，然而该算法没有考虑人脸图像的特殊性，且构造马尔可夫随机场的参数学习过程复杂，对输入图像的噪声不敏感。

2004 年，香港科技大学 Chang 等[35]首次将局部线性嵌入（locally linear embedding）算法引入图像超分辨率重建中，提出了一种邻域嵌入的图像超分辨率重建算法。其首先将输入图像分成图像块；然后在样本库中寻找"近邻"块集合，并利用"近邻"块集合线性表示输入图像块，得到图像块的嵌入流形；最后将获得的局部嵌入的流形系数直接映射到高分辨率图像流形中，合成高分辨率图像块，拼合所有图像块形成高分辨率图像。该方法利用了图像块的局部特性，相比于全局脸的超分辨率合成效果，主观重建质量有所提升。

2005 年，得克萨斯大学的 Su 等[36]在 Chang 文章的启发下，研究了单帧图像超分辨率的邻近问题，该文章系统研究了在基于流形学习的超分辨率框架中影响超分辨率重建的因素，提出了一种在通用图像中计算高低分辨率邻近关系的度量方法——邻域保持法，指出基于流形学习超分辨率的两条提升邻域保持的方法：选择好的特征表达方法使得高低分辨率图像块的特征更一致，另一个途径是给出更好的重建函数产生高分辨率块。

2007 年，美国卡内基梅隆大学 Park 和 Savvides[37]提出一种基于局部保持投影的自适应流形学习方法，从局部子流形分析人脸的内在特征，认为局部保持投影能够更好地抽象出高低分辨率图像之间的一致性特征，进而在一致特征的基础上利用局部线性合成，从输入的低分辨率图像线性合成系数推导高分辨率图像的合成系数，有效地重构出低分辨率图像缺失的高频成分。基于流形学习的超分辨率方法，其前提假设是高低分辨率图像的拓扑流形结构保持一致性，当输入图像存在噪声影响时，在图像库中寻找到近邻图像，如果邻近块与输入块的差别较大，会导致高分辨率合成的系数和图像块产生偏移，导致合成效果不理想。

2009 年，哈尔滨工业大学的 Li 等[38]提出了基于流形对齐的人脸超分辨率算法，该算法认为高低分辨率图像流形一致性的假设常常难以满足，为了使高低分辨率流形满足一致性要求，将高低分辨率图像分别投影到一个潜在的特征一致性空间，在这个潜在的特征一致性空间中，高低分辨率图像块的流形一致性比原来的流形空间更强，该方法使用流形对齐思路解决高低分辨率图像流形不一致问题，获得了较好的主客观重建质量。然而，该算法没有考虑输入图像中存在降质干扰情况下的流形一致性问题,因此对于输入含有噪声的图像重建效果不佳。

2010 年,美国伊利诺伊大学香槟分校的 Yang 等[39]提出基于稀疏表示的人脸超分辨率及图像超分辨率方法。与传统方法直接利用高低分辨率图像块来学习先验知识不同,它假设图像的分块能够被一个合适的过完备原子库的元素稀疏地线性表示,同时高、低分辨率图像块的稀疏线性表示具有一致性。该方法对每一个低分辨率的输入分块搜索稀疏表示系数,并使用该系数产生高分辨率块的输出。相比于传统的基于学习的方法,稀疏表示的方法可以自适应地选择用于分块合成的元素个数,提高了分块合成的精度,同时其抗噪的能力更强,有利于在实际环境中使用。但是,此方法在训练稀疏基时,并不能保证高、低分辨率图像块的线性表示完全具有一致性,会造成合成的高分辨图像有部分偏差。

同年,西安交通大学马祥等[40]提出了一种基于位置块的人脸超分辨率方法。该方法在合成某一位置块时,只利用库中与其位置相同的高低分辨率图像块作为表达字典进行表达与合成。首先将高低分辨率图像库和输入图像按照同样的方式分块;然后对每一个低分辨率输入图像块,用与其位置相同的低分辨率图像库的所有块来线性合成;最后将合成系数映射到高分辨率图像块空间。该文章提出的思想是利用基于块位置这一条件对候选块在对应关系上进行了进一步分类和提升。相比于局部线性嵌入人脸超分辨率方法,该方法计算复杂度有较大程度的降低,能够得到较好的重建效果,且算法易于实现。

2011 年,在马祥等提出的基于位置块的人脸超分辨率方法的基础上,西安电子科技大学的 Jung 等[41]针对基于位置块的人脸超分辨率方法中样本个数大于块的维数时出现的过约束问题,提出了一种稀疏约束求解合成权重的方法,通过权重系数稀疏约束,获得比基于位置块的人脸超分辨率方法更为准确的合成权重,稀疏约束在求解过程中获得了比传统方法更为精确的表达方式,因此获得了较好的重建效果。但是这种局部脸超分辨率算法对噪声敏感,在噪声环境下的重建效果急剧下降。

同年,西安电子科技大学的 Dong 等[42]利用聚类的方法将图像库分成很多图像子库,每个图像子库均用主成分分析构建稀疏基。输入图像块会根据图像内容选择对应的图像子库,并用对应的稀疏基进行超分辨率。同时,其从对应的图像子库中学习出图像的自回归模型作为正则项进行约束。该方法能够减少局外点样本的影响,因而能够取得更好的效果。但是,其假设输入图像的降质过程和图像库中高低分辨率图像的降质过程一致,当不满足此假设前提时,其图像质量随着迭代数增加迅速下降。实验表明,在输入图像中含有方差为 0.002 的高斯噪声条件下,该算法的图像重建质量 PSNR 值下降了 6.5 dB,降幅达到了 21.3%,表明在输入图像中含有降质扰动的条件下,输入图像的降质干扰影响了图像表达的精确性,进而导致图像的重建质量急剧下降。

局部脸超分辨率算法利用了人脸图像分块进行表达与合成,因此它的核心问题在于表达图像块的选择与合成权重的计算,现有算法选择输入图像块的最邻近块作为表达字典获得表达权重,在输入图像能够被准确表达的前提下,现有基于位置块的局部脸超分辨率算法已经取得了较为理想的重建效果。实验表明,当输入图像中存在方差为 0.002 的高斯噪声时,图像的重建质量 PSNR 值下降了 21.3%,表明在实际监控环境中,降质干扰增加了输入图像的表达误差,进而影响了局部脸超分辨率重建质量。因此,如何利用局部脸超分辨率算法获得对实际图像的降质干扰鲁棒的准确的图像表达方法,是面向刑侦应用超分辨率算法中亟须解决的技术难题。

1.2.2.3　其他人脸超分辨率算法研究现状

由于全局脸超分辨率算法对于输入的噪声具有一定的鲁棒性,但是在重建图像中存在"伪影"效应;而局部脸超分辨率算法具有较好的主观重建质量,但对图像中的噪声干扰十分敏感。为了获得更好的图像重建效果,文献[41]和[42]证明了高频信息补偿对于图像具有较好的重建质量,因此将全局脸和局部脸进行串联的混合方法成为解决这两类方法缺陷的手段之一。

2001 年,美国麻省理工学院的 Liu 等[43]提出了一种结合全局人脸参数模型和局部人脸非参数模型的两步人脸超分辨率算法,该算法首先利用全局脸算法获得输入图像在主成分特征空间的表达系数推导其高分辨率图像,然后利用马尔可夫随机场建立人脸样本局部块高低分辨率之间的非参数模型,该方法首次将全局脸超分辨率算法和局部脸超分辨率算法结合起来,受马尔可夫随机场建模和表达精度的影响,该算法的主观图像重建质量还有可以提升的空间。

2008 年,美国伊利诺伊大学香槟分校的 Yang 等[44]提出了基于非负矩阵分解的全局脸算法和基于稀疏表达的局部脸算法组合的两步法超分辨率算法,和 Liu 等的两步法不同,该算法第一步利用非负矩阵分解获得了输入图像在样本库特征空间的表达,非负矩阵分解相比主成分分析具有更好的细节信息表达能力,第二步则利用基于原始图像块的稀疏表

示方法重建高分辨率图像块,修正第一步全局脸重建算法中存在的边缘
"伪影"现象,该算法取得了较好的主客观图像重建质量,然而没有考虑
到实际输入图像中存在降质干扰情况下全局脸算法和局部脸算法分别
面临的问题。

在此研究的基础上,2010 年,西安交通大学的 Huang 等[32] 提出了基
于典型相关分析的全局脸算法和分块局部嵌入残差补偿算法,和 Zhuang
等的算法不同,该算法研究了如何在高低分辨率表达空间中获得流形一
致性,并在此基础上利用分块方法获得图像中缺失的高频残差信息,该
算法获得了较好的主客观图像重建效果。

由于人脸具有表情和姿势等变化,正面无表情人脸超分辨率算法还
不能完全满足对人脸图像的超分辨率需求,为了提升多表情和多姿势输
入低分辨率人脸图像的增强问题,学者提出了针对多表情多姿势人脸超
分辨率算法[45,46,48,49]。

2005 年,浙江大学的 Su 和 Huang 等[45] 提出了从无表情人脸生成多
表情人脸算法,该算法利用正面无表情人脸和有表情人脸样本库建立人
脸多表情之间的对应关系,以及超分辨率合成的技术框架,将高低分辨
率之间的对应关系扩展到多表情人脸之间的对应关系,可以生成不同表
情的人脸图像。

2008 年,香港中文大学的 Jia 和 Gong[46] 提出了一种通用人脸超分辨
率算法,该算法利用多张量分解技术,建立了人脸表情和姿势不同的张
量空间,用多张量模型建立了人脸在不同表情和姿势空间的统一对应关
系,实现了通用的人脸超分辨率算法,将正面无表情人脸超分辨率算法
扩展到多表情多姿势人脸超分辨率算法,提升了人脸超分辨率算法的应
用范围,然而该算法并未考虑实际监控人脸图像的降质干扰,当输入图
像中存在较大干扰时,重建的主客观效果不能满足实际图像增强处理的
需要。

在二维人脸处理技术的基础上,有学者使用三维人脸模型[47]来解决
超分辨率的多姿势多表情问题,然而这类方法对人脸三维建模需要精确
的人脸三维数据,这些基础数据在监控视频中难以获得,因此本书不对
三维人脸模型展开研究。

基于全局脸和局部脸两步法的人脸超分辨率算法能够在获得较好
的主观图像重建质量的同时,对噪声还具有一定的鲁棒性,因此该类学
习方法的框架被广泛采用。然而,混合算法中的全局脸算法与局部脸算
法是串联关系,因此混合算法中的技术问题依然分别是全局脸和局部脸

算法各自的技术问题。另外，基于学习的多姿势和多表情问题的核心在于利用多姿势和表情样本学习不同姿势和表情空间中人脸图像的对应关系，其技术框架依赖于全局脸和局部脸超分辨率算法，因此研究具有面向刑侦应用的正面人脸图像超分辨率算法是人脸超分辨率中的核心与基础理论问题，在解决了正面人脸图像超分辨率的基础上，可以向多姿势多表情的通用人脸超分辨率算法扩展，因此本书的研究重点是全局人脸超分辨率算法和局部人脸超分辨率算法。

1.2.3　研究现状小结

图像增强是图像处理领域的经典研究方向，常用的图像增强有去模糊、去噪声、图像几何校正和图像超分辨率四大类。其中图像的去模糊、去噪声和图像几何校正属于传统的图像处理方法和手段。而图像超分辨率技术则是针对图像的降质退化过程重建高质量的高分辨率图像输出，根据图像退化机理，建立图像降质模型并选择合适的先验约束进行图像重建，因此在图像增强领域，超分辨率增强是传统方法的拓展与延伸，特别是在刑侦图像处理中具有重要的研究和应用价值。基于重建的超分辨率算法依赖于降质过程估计，因此本书重点研究实际图像的降质模糊核估计。

在刑侦应用中，人脸图像是确定嫌疑人的最重要的线索之一，因此人脸超分辨率算法在刑侦应用中具有广泛的应用前景。人脸超分辨率算法按照应用对象不同可以分成正面人脸超分辨率算法和多表情多姿势人脸超分辨率算法，正面人脸便于识别与应用，且其理论基础和算法适用于多表情多姿势人脸图像。正面人脸超分辨率算法按照处理方式的不同分为全局人脸、局部人脸和混合模型三种不同的算法，其中全局人脸超分辨率算法对噪声具有一定的鲁棒性，然而细节表达能力不足；局部人脸超分辨率算法局部表达能力强，但是对干扰敏感，在实际监控场景下不适用；而混合算法提供了结合两者优势的算法框架，具有较好的应用范围，但是其核心技术问题分别在于全局人脸算法和局部人脸算法本身，因此，本书重点研究面向刑侦应用的全局脸和局部脸超分辨率算法。

基于以上分析，在仿真条件下，无论是基于重建的超分辨率算法还是基于学习的超分辨率算法都能获得较理想的重建效果，但是在实际图像应用中，仍然存在以下问题：

（1）传统模糊核估计方法主要利用图像的通用先验约束进行盲估计，但实际降质过程的复杂性和图像内容的多样性，导致实际图像的先验与通用图像的先验不符，使得传统模糊核估计方法存在误差，在图像的降质模糊核估计不准的情况下，合成的高分辨率图像质量随着重建迭代次数的增加而迅速下降。

（2）传统全局脸超分辨率方法假设高低分辨率图像表达系数之间具有流形一致性，然而在实际监控视频中，实际降质干扰会导致高低分辨率图像表达系数之间的流形一致性关系发生改变，进而导致重建的人脸图像质量较差。

（3）传统局部脸超分辨率方法靠图像的精确表达进行高分辨率图像重建，然而在实际监控环境中，降质扰动增加了图像的表达误差，从而降低了高分辨率图像合成质量，无法满足刑侦应用中对人脸图像的超分辨率处理需求。

因此，如何获取更为准确的先验知识抑制噪声，如何构建自适应的模糊核估计及先验知识学习方法，并在其基础上构建对先验自适应、降质干扰鲁棒的低质量人脸图像超分辨率增强方法是人脸超分辨率深度应用亟待解决的问题。

1.3　面临的关键问题

1.3.1　实际降质先验信息提取与表达

传统的模糊核估计首先将待估计图像进行去噪处理，然后利用获取的先验知识迭代估计模糊核参数，该方法包括三个重要因素，前处理去噪、先验知识提取和模糊核迭代求解。当先验知识与实际情况一致时，传统的估计已经能够取得较好的效果。但是，当先验知识和实际统计分布不一致时，传统模糊核估计方法的先验知识与实际情况并不相符，增大了传统模糊核估计方法的误差。因此，在模糊核估计过程中，合适的先验知识获取成为提升模糊核估计精度的关键因素。如何获取与实际监控场景一致的先验知识成为模糊核估计的关键问题。基于后验信息的图像降质过程自适应估计的核心问题如图 1-6 所示。

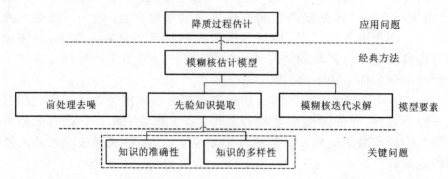

图 1-6　基于后验信息的图像降质过程自适应估计的核心问题

1.3.2　高低分辨率图像非负特征一致表达

传统基于学习的全局脸超分辨率算法假设高低分辨率图像在特征空间中的表达系数具有几何一致性,将输入的低分辨率图像投影到低分辨率特征子空间中进行表达,然后将投影系数转化到具有高低分辨率表达一致性的样本空间中重建图像,因此该模型包含两个因素:投影系数的获取与特征映射关系的一致性。目前,对于具有一致性关系的学习方法已经可以重建出很好的效果,然而实际监控视频输入图像中存在的降质干扰,使高低分辨率特征之间的流形一致性难以满足,进而影响特征投影系数的流形一致性,导致高分辨率图像合成效果不理想,因此消除输入图像中的降质干扰,构建高低分辨率的一致性表达关系是全局部脸超分辨率算法的关键问题。基于半耦合非负表达全局脸超分辨率关键问题如图 1-7 所示。

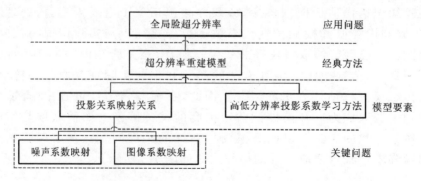

图 1-7　基于半耦合非负表达全局脸超分辨率关键问题

1.3.3 图像主成分稀疏表达

局部脸超分辨率算法将低分辨率的图像样本块作为表达字典,并将输入低分辨率样本块的合成权重保持到对应的高分辨率图像块空间中进行合成。因此,局部脸方法包含两个要素:局部样本块表达的合成权重与对应的输入图像块的邻域表达基的选取。目前,在输入低分辨率图像没有噪声等因素干扰的情况下局部脸超分辨率算法仿真实验已经能够取得较满意的主观重建效果。然而,当输入图像中存在噪声等降质干扰的情况下,传统以样本图像块为表达字典的局部脸超分辨率算法无法区分输入图像的降质干扰和图像内容,在低分辨率的表达阶段产生了误差,使得高分辨率的合成系数不准,导致局部块超分辨率算法的图像重建质量急剧下降。因此,自适应选择与图像内容相关度高的图像主成分稀疏表达是实际监控图像局部脸超分辨率算法的关键问题。基于主成分稀疏表达局部脸超分辨率关键问题如图 1-8 所示。

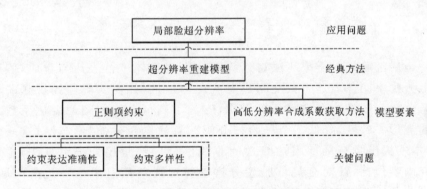

图 1-8　基于主成分稀疏表达局部脸超分辨率关键问题

1.4　研究内容

1.4.1　基于后验信息的图像降质过程自适应估计

传统超分辨率算法利用图像的通用先验盲估计降质过程,利用多帧亚像素精度配准推导高分辨率图像网格中的像素值,然后利用已知的图像降质过程对所求高分辨率图像迭代求解。然而,在实际监控视频中,实际降质过程的先验信息与通用先验信息不符,导致传统盲估计模糊核算法的误差增大,进而使得利用传统超分辨率算法重建监控视频实际输入图像的效率急剧降低。针对这一问题,本书提出基于后验信息的图像降质过程自适应估计算法,首先为了克服输入多帧图像随机噪声的影响,对输入视频多帧图像进行选择与去噪处理;然后利用现场图像的后验信息获得实际的降质过程参数,提升实际监控视频超分辨率算法的有效性。主要研究内容包括:研究特定环境下图像先验知识的获取与表达方法,其中图像的降质过程估计的优化准则可借用现有的研究成果,通过分析进一步明确后验高低分辨率图像之间的映射关系和降质机理。在此基础上,研究基于空间尺度不变特征的图像对应关系,设计具体实现方法,包括分析由成像距离带来的光照变化对高低分辨率图像对应关系的影响、利用空间尺度不变特征获取图像后验信息、引入后验信息对降质过程进行求解。这一部分工作的关键在于寻找对于光照和空间尺度不变的特征,用于获取图像后验信息。

1.4.2　半耦合核非负表达全局脸超分辨率算法

全局部脸超分辨率算法将人脸图像作为整体进行表达与合成,假设高低分辨率图像表达系数之间具有流形一致性,然而实际监控视频的输入低分辨率图像中存在噪声等干扰,影响了高低分辨率图像表达系数之间的流形一致性,降低了全局脸超分辨率算法的重建质量。针对这一问题,本书提出具有局部表达能力的非线性全局部脸超分辨率算法,主要研究内容包括:针对全局部脸超分辨率算法局部信息表达不足的问题,提出非负矩阵分解超分辨率算法获得人脸局部特征表达能力。其中非负矩阵分解可以借鉴现有研究成果,通过分析局部特征组合成全局特征的作用机理,研究利用低分辨率图像非负表达特征转化成为高分辨率特征的内在转化机制。针对输入高低分辨图像表达系数流形不一致问题,研究基于半耦合核非负矩阵表达方法,通过分析核空间的非负特征转换机制,研究基于核非负的低分辨率表达到目标高分辨率表达的投影方法。在此基础上,研究基于人脸形状感知和分类的自适应先验选择算法和半耦合核非负超分辨率算法,设计具体实现方法,包括如何建立人脸形状感知模型,如何建立核空间的人脸表达方法,如何将自适应先验选择引入半耦合非负表达超分辨率算法框架,这部分研究工作的关键在于寻找低分辨率表达到目标高分辨率表达的映射关系函数。

1.4.3 主成分稀疏自适应局部脸超分辨率方法

传统局部脸超分辨率算法依赖于图像表达的精确程度,并通过输入图像的低分辨率空间表达系数合成高分辨率图像,在实际监控环境下,输入图像受降质干扰,现有算法将噪声和图像内容同时进行表达,增加了图像表达的误差,使得重建的高分辨率图像质量急剧下降。针对这一问题,本书提出对实际降质干扰鲁棒的局部脸超分辨率算法。主要研究内容包括:针对基于图像块表达方法对干扰和图像内在特征无法区分的问题,研究对干扰鲁棒的表达字典和基于线性表达分类的自适应先验信息选择的局部脸超分辨率算法。其中基于学习的局部脸超分辨率算法可借鉴现有研究成果,分析实际噪声对图像块合成精度的影响,进一步明确对降质干扰鲁棒的图像特征对超分辨率重建影响的机理,建立对降质干扰鲁棒的先验知识自适应选择方法与模型;在此基础上,研究基于线性表达块分类算法并将其引入局部脸算法中,实现自适应先验选择的算法框架,设计具体的实现方法,包括利用线性表达分类方法选择先验知识的模型、构建对噪声鲁棒的稀疏表达字典获得对降质干扰鲁棒且高低分辨率空间表达一致的特征、将高低分辨率内在一致的特征进行转化获得更精确的高分辨率重建表达。这部分研究工作的关键在于构建对降质干扰鲁棒的表达字典。

1.4.4 低秩约束的极限学习机高效人脸识别算法

受深度学习理论的启发,针对单层算法框架下表达精度不够等问题,本书提出一种新型的基于深度协作表达的人脸超分辨率算法。通过不断更新每层的初始低分辨率的人脸样本图像和高低分辨率人脸样本图像训练集来更新最优权值系数,使图像块的表示系数更加精确,最后将获得的人脸图像块融合,得到高分辨率人脸图像,提高最终合成的高分辨率人脸图像的质量。

1.4.5 低秩约束的极限学习机高效人脸识别算法

在复杂的应用场景中,往往会由于光照变化、遮挡和噪声变化等因素的干扰，使人脸识别性能降低，针对此问题，本书提出一种基于低秩子空间恢复约束的极限学习机鲁棒性人脸识别算法。该算法中，首先利用人脸图像分布的子空间线性假设，将待识别图像聚类到对应的样本子空间；然后通过低秩矩阵恢复将矩阵分解为低秩矩阵和稀疏误差矩阵，依据图像子空间的低秩性对噪声鲁棒的原理提取人脸图像的低秩结构特征训练极限学习机的前向网络；最后实现对噪声干扰鲁棒的极限学习机人脸识别算法。

1.4.6　图像超分辨率极限学习机的极低分辨率人脸识别算法

极低分辨率下的人脸识别常常面临特征信息少和分类难两个问题。针对以上特点，本书提出基于图像超分辨率极限学习机的极低分辨率人脸识别算法。该算法包括了两部分：基于稀疏表达的极低分辨率人脸超分辨率重建和基于极限学习机的人脸识别。基于稀疏表达的极低分辨率人脸超分辨率重建通过稀疏编码得到稀疏表达系数相同的联合稀疏字典，接下来对极低分辨率图片在低分辨率字典下进行稀疏表示，得到稀疏表示系数，通过稀疏表示系数和高分辨率字典从而完成超分辨率重建；基于极限学习机的人脸识别首先通过样本图片对极限学习机进行训练，确定神经网络的输出权重，然后输入测试样本图片集便可以完成人脸的分类识别。

参 考 文 献

[1] 孙展明，尹伟中. 伦视频图像侦查[J]. 中国人民公安大学学报(自然科学版)，2011,69(1):25-28.

[2] PARK S C,PARK M K,KANG M G. Super-resolution image reconstruction:A technical overview [J]. IEEE Signal Processing Magazine,2003,30(3):21-36.

[3] TIPPING M E,BISHOP C M. Bayesian image super resolution[M]//Becker S,Thrun S,Obermayer K. Advances in Neural Information Processing Systems 15. Cambridge MIT Press,2003:1279-1286.

[4] PROTTER M,ELAD M,TAKEDA H,et al. Generalizing the non-local-means to super-resolution reconstruction[J]. IEEE Transactions on Image Processing,2009,18(1):36-51.

[5] LIN Z,SHUM H Y. Fundamental limits of reconstruction-based super-resolution algorithms under local translation[J]. IEEE Transactions on Pattern Analysis and Machine Intelligence,2004,26(1):83-97.

[6] TIAN J,MA K K. A survey on super-resolution imaging[J]. Signal Image and Video Processing,2011,5:329-342.

[7] DAI S,HAN M,XU W,et al. Soft edge smoothness prior for alpha channel super resolution[C]//

IEEE Conference on Computer Vision and Pattern Classification(CVPR),2007:1-8.

[8] SUN J,XU Z,SHUM H. Image super-resolution using gradient profile prior[C]//IEEE Conference on Computer Vision and Pattern Recognition(CVPR)[C],2008:1-8.

[9] ZHANG X,WU X. Image interpolation by adaptive 2-D autoregressive modeling and soft-decision estimation[J]. IEEE Transactions on Image Process,2008,17(6):887-896.

[10] BAKER S,KANADE T. Limits on super-resolution and how to break them[J]. IEEE Transactions on Pattern Analysis and Machine Intelligence,2002,24(9):1167-1183.

[11] 卓力,王素玉,李晓光. 图像/视频的超分辨率复原[M]. 北京:人民邮电出版社,2011.

[12] CAMPISI P,EGIAZARIAN K. Blind Image Deconvolution:Theory and Applications[M]. Boca Raton,FL:CRC,2007:12.

[13] YIN H,HUSSAIN I. Blind source separation and genetic algorithm for image restoration[C]// Proceding of the International Conferrence on Advances in Space Technologies ICAST2006, Islamabad,Pakistan:2006:167-172.

[14] KRAHMER F,LIN Y,MCADOO B,et al. Blind Image Deconvolution:Motion Blur Estimation[R]. University of Minnesota,2006.

[15] YOU Y L,KAVEH M. Blind image restoration by anisotropic regularization[J]. IEEE Transactions on Image Processing,1999,8(3):396-407.

[16] YAP K H,GUAN L,LIU W. A recursive soft-decision approach to blind image deconvolution[J]. IEEE Transactions on Signal Processing,2003,51(2):515-526.

[17] KAFTORY R, SOCHEN N. Variational blind deconvolution of multichannel images[J]. International Journal of Image and System Technology,2005,15(1):55-63.

[18] FARSIU S,ROBINSON D,ELAD M,et al. Fast and robust multiframe super resolution[J]. IEEE Transactions on Image Processing,2004,13(10):1327-1343.

[19] BABACAN S D,MOLINA R,KATSAGGELOS A K. Variational Bayesian blind deconvolution using a total variation prior[J]. IEEE Transactions on Image Processing,2009,18(1):12-26.

[20] ALMEIDA M S C,ALMEIDA L B. Blind and semi-blind deblurring of natural images[J]. IEEE Transactions on Image Processing,2010,19(1):36-52.

[21] LEVIN A,WEISS Y,DURAND F,et al. Understanding blind deconvolution algorithms[J]. IEEE Transactions on Pattern analysis and Machine Intelligence,2011,33(12):2354-2367.

[22] LEVIN A, WEISS Y, DURAND F, et al. Efficient Marginal Likelihood Optimization in Blind Deconvolution. IEEE Conferences on Computer Vision and Pattern Recognition(CVPR),2011.

[23] SMITH L N,WATERMAN J R,JUDD K P. A new blur kernel estimator and comparisons to state-of-the-art[C]. Proc. SPIE 8014,Infrared Imaging Systems:Design,Analysis,Modeling,and Testing XXII,80140N,2011.

[24] ZHANG X S,JIANG J,PENG S. Commutability of blur and affine warping in super-resolution with application to joint estimation of triple-coupled variables[J]. IEEE Transactions on Image Processing,2012,21(4):1796.

[25] FREEMAN W T,PASZTOR E C,CARMICHAEL O T. Learning low-level vision[J]. International Journal of Computer Vision,2000,40(1):25-47.

[26] BAKER S, KANADE T. Hallucinating faces[C]. The Fourth IEEE International Conference on

Automatic Face and Gesture Recognition,2000:83-88.

[27] CAPEL D,ZISSERMAN A. Super-resolution from multiple views using learnt image models[C]. IEEE International Conference on Computer Vision and Pattern Recognition,Washington D C:IEEE Computer Society Press,2001:627-634.

[28] GUNTURK B K,BATUR A U,ALTUNBASAK Y,et al. Eigenface-domain super-resolution for face recognition[J]. IEEE Transactions on Image Processing,2003,12(5):597-606.

[29] WANG X,TANG X. Hallucinating face by eigentransform[J]. IEEE Transactions on Systems,Man, and Cybernetics-part C:Applications and Reviews,2005,35(3):425-434.

[30] ZHUANG Y T,ZHANG J,WU F. Hallucinating faces:LPH super-resolution and neighbor reconstruction for residue compensation[J]. Pattern Recognition,2007,40(11):3178-3194.

[31] HU Y,LAM K M,QIU G,et al. Region-based eigentransformation for face hallucination[C]. Proceeding of IEEE International Symposium on Circuits and Systems. 2009:1421-1424.

[32] HUANG H,HE H T,FAN X,et al. Super-resolution of human face image using canonical correlation analysis[J]. Pattern Recognition,2010,43(7):2532-2543.

[33] WU W,LIU Z,HE X H. Learning-based super resolution using kernel partial least squares[J]. Image and Vision Computing,2011,29:394-406.

[34] HU Y,LAM K M,SHEN T,et al. A novel kernel-based framework for facial-image hallucination [J]. Image and Vision Computing,2011,29:219-229.

[35] CHANG H,YEUNG D Y,XIONG Y. Super-resolution through neighbor embedding[J]. IEEE International Conference on Computer Vision and Pattern Recognition,2004,1:275-282.

[36] SU K,TIAN Q,XUE Q,et al. Neighborhood issue in single-frame image super-resolution[J]. Proceedings of IEEE International Conference on Multimedia and Expo,ICME 2005. 2005.

[37] PARK S W,SAVVIDES M. Breaking the limitation of manifold analysis for super-resolution of facial images[C]. In International Conference on Acoustics,Speech and Signal processing2007,2007: 573-576.

[38] LI B,CHANG H,SHAN S,et al. Aligning coupled manifolds for face hallucination[J]. IEEE Signal Processing Letters,2009,16(11):957-960.

[39] YANG J,WRIGHT J.,HUANG T S,et al. Image super-resolution via sparse representation[J]. IEEE Transactions on Image Processing,2010,19(11):2861-2873.

[40] MA X,ZHANG J,QI C. Hallucinating face by position-patch[J]. Pattern Recognition,2010,43(6): 2224-2236.

[41] JUNG C,JIAO L,LIU B,et al. Position-patch based face hallucination using convex optimization[J]. IEEE Signal Processing Letters,2011,18(6):367-370.

[42] DONG W,ZHANG L,SHI G,et al. Image deblurring and super-resolution by adaptive sparse domain selection and adaptive regularization[J]. IEEE Transactions on Image Processing,2011,20(7):1838-1857.

[43] LIU C,SHUM H Y,ZHANG C S. A two-step approach to hallucination faces:Global parametric model and local nonparametric model[C]. Proceedings of IEEE Conference Computer Vision and Pattern Recognition,2001:723-728.

[44] YANG J,WRIGHT J,HUANG T,et al. Image super-resolution as sparse representation of raw

image patches[C]. IEEE Conference on Computer Vision and Pattern Recognition,2008:1-8.

[45] SU C Y, HUANG L. Facial expression hallucination[C]. The Seventh IEEE Workshops on Application of Computer Vision,2005:93-98.

[46] JIA K,GONG S. Generalized face super-resolution[J]. IEEE Transactions on Image Processing, 2008,17(6):873-886.

[47] BLANZ V, VETTER T. Face recognition based on fitting a 3D morphable model[J]. IEEE Transactions on Pattern Analysis and Machine Intelligence,2003,25(9):1063-1074.

[48] HONG YU,MA XIANG,HUANG HUA,QI CHUN. Face image super-resolution through POCS and residue compensation [C], 2008. 5th International Conference on Visual Information Engineering,2008 VIE(C). 2008:494-497.

[49] SASATANI S,HAN X,IGARASHI T,OHASHI M,IWAMOTO Y,YEN-WEI C. High frequency compensated face hallucination[A],2011 18th IEEE International Conference on Image Processing (ICIP)[C],2011:1529-1532.

第 2 章　基于后验信息的图像降质过程自适应估计

　　本章主要讨论基于后验信息自适应降质过程估计自超分辨率算法,并将该算法应用到超分辨率图像重建中。首先分析图像的物理成像过程,明确了影响图像质量的因素,并对成像过程进行建模,在此基础上,利用案发现场采集到的后验图像,从时域和空域分别构建图像的先验模型。提出基于稀疏约束和后验信息的超分辨率算法,设计和规范现场后验图像的获取方法与流程,实现实际超分辨率算法中的通用先验到自适应先验的精细化过程。利用后验图像中的多尺度样本之间的关系,对图像降质过程中的下采样和模糊进行估计。本书利用输入多帧图像的主成分表达与最近邻表达自适应选择输入样本中的有用信息进行融合,消除会引入误差信息的局部运动帧。理论分析和实验表明,本书提出的基于后验降质过程自适应估计的超分辨率算法具有可行性,相比传统方法,能够在仿真超分辨率算法取得平均峰值信噪比 0.95 dB 的客观质量提升。

2.1　引　　言

　　超分辨率算法是提升视频或者图像分辨率和质量的有效工具,在遥感图像处理、刑事侦查、人脸识别等领域得到了广泛应用。前沿图像超分辨率算法主要分成两大类:基于重建的超分辨率算法和基于学习的超分辨率算法。基于重建的超分辨率算法从信号恢复的角度重建高分辨率图像,图像重建质量依赖于高分辨率到低分辨率降质的数学模型;基于学习的超分辨率算法需要利用图像降质过程生成低分辨率样本。因此,无论是基于重建的超分辨率算法还是基于学习的超分辨率算法,图像的降质过程估计准确程度都会直接影响高分辨率图像的重建质量。

为了证明降质过程对图像超分辨率算法重建图像质量的影响，本书利用前沿算法进行仿真实验。超分辨率算法基于稀疏域自适应选择算法[1]，假设高分辨率图像到低分辨率图像的降质过程是高分辨率图像上的高斯模糊后下采样获得低分辨率图像，高斯模糊的窗大小为 $7×7$ 像素，模糊核强度为 $0.5～7$，每次递增 0.5，样本库采用中国科学院自动化研究所提供的中国人脸库，从中随机选取 210 幅正面人脸图像，以两眼的中心位置对齐，高分辨率图像大小为 $112×96$ 像素，下采样倍数为 4，低分辨率图像大小为 $28×24$ 像素，选取 10 幅图像作为输入，其余 200 幅图像为样本，输入图像的模糊类型为高斯，高斯核的方差为 3，如图 2-1 所示，横轴是模糊核的大小，纵轴是由输入的低分辨率图像重建的高分辨率图像的峰值信噪比（PSNR）和结构相似性度量（SSIM），超分辨率算法参考文献[1]。

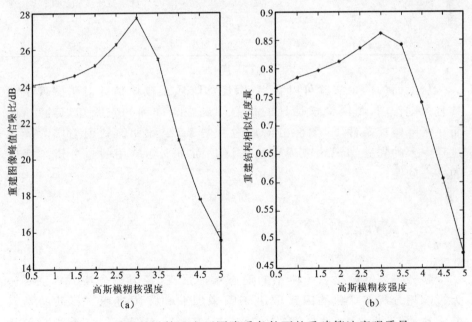

图 2-1　学科前沿算法在不同降质条件下的重建算法客观质量

图 2-1 表明，当使用与输入图像相同的降质模糊核时，生成的高分辨率图像的 PSNR 和 SSIM 达到最大。实验数据表明：基于准确模糊核的超分辨率重建算法相比传统盲估计模糊核算法的重建客观质量 PSNR 提高了 1 dB 左右，因此对实际降质过程模糊核进行准确估计能够提升超分辨率算法的重建性能。

　　对图像的降质模糊核估计是一个典型的病态求逆问题[2,3]，其核心问题在于使用准确的先验约束进行求解。文献[4]认为：不同的模糊核估计方法利用的先验知识不同，导致其重建质量的差异。文中的实验数据如表2-1所示，实验使用标准测试图像 Lena 加入不同的模糊作为测试对象，高斯模糊的模糊核窗口为 27×27 像素，方差为 5.4，输入的高斯模糊图像的 SSIM 为 0.687，运动模糊由模拟图像运动获得，输入图像的 SSIM 为 0.774。可以看出，不同模糊因素所对应的模糊先验约束不同，对于运动模糊，在准确的先验约束算法中，图像的重建质量比一般先验方法的 SSIM 提升了 24.9%。证明了准确的模糊约束条件对于模糊核估计具有关键作用。

表 2-1　不同的先验对图像去模糊客观质量 SSIM 比较（数据引用文献[4]）

输入模糊图像（SSIM）	边缘先验方法[5]	梯度分布先验方法[6]
高斯模糊，0.687	0.749	0.657
运动模糊，0.774	0.598	0.747

　　从上面的两个实验可以看出：图像的降质模糊核估计对于图像重建具有关键作用，而模糊核估计的核心问题在于准确的先验知识约束，然而在实际监控条件下，图像的降质过程复杂，因此如何利用与实际降质过程一致的先验知识约束模糊核估计是面向实际应用的超分辨率算法的核心问题。

2.2　方法比较

　　超分辨率问题是一个典型的病态求逆过程，经典超分辨率算法[7]认为影响超分辨率重建的因素取决于图像配准和降质过程。目前的学科前沿算法[8]认为模糊核估计、图像配准和高分辨率图像是三个相互关联的耦合优化过程，利用现有的迭代优化求解技术可以获得影响超分辨率重建的多重因素与高分辨率图像的联合最优解。然而，在实际监控视频超分辨率算法中，实际案发现场的降质图像先验和一般图像的通用先验不符，直接盲估计实际图像的降质过程模糊核参数会增大估计误差，进而影响重建先验的精确度；与此同时，由于噪声干扰和目标的局部运动，在存在局部运动视频帧上进行多帧配准会引入局部运动误差，影响多帧配准的精度。针对这些问题,本书提出基于后验信息的图像降质过程自适应估计算法,首先利用低分辨率视频的时域稀疏约束获得图像的时域先验信息,然后利用案发现场的后验图像约束实际降质过程估计,建立基于后验信息的精确先验知识表达模型,进而提升超分辨率重建算法的主客观质量。

　　传统基于重建的超分辨率算法首先对输入多帧图像进行配准融合,然后利用图像的一般先验约束图像迭代优化求解,如图 2-2 所示。传统基于重建的超分辨率算法在输入图像配准和图像降质过程估计较准确的情况下重建质量较好,然而在实际监控视频超分辨率算法中,由于模糊、噪声等因素的干扰,难以准确获得低分辨率图像的重建先验知识,因此超分辨率重建图像不能满足刑侦业务的应用需求。针对这一问题,本书提出基于后验信息的图像降质过程估计算法,并将该算法应用到超分辨率算法中,利用时域多帧稀疏表达模型获得输入图像的时域先验信息,利用案发现场后验图像中蕴含的实际降质模型约束模糊核参数估计,将这些更准确的重建先验约束应用到超分辨率算法框架中,进而获得相比传统方法更好的高分辨输出图像,算法流程如图 2-3 所示。

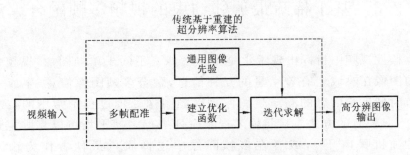

图 2-2　传统基于重建的超分辨率算法原理框图

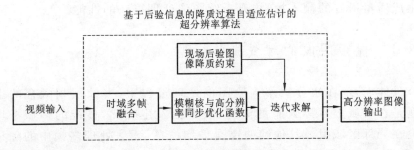

图 2-3　基于后验信息模糊核自适应估计的超分辨率算法原理框图

经过分析与研究,本书将现有超分辨率算法的原理、模型等要素与本章所提出的方法进行了对比,结果如表 2-2 所示。表 2-2 说明所提出的基于后验信息图像降质过程估计的超分辨率算法与传统算法在原理等方面的差异。本章后续的内容将阐述具体的理论基础与算法细节。

表 2-2　传统超分辨率算法与本书算法的比较

比较项目	传统方法	本书算法
原理	根据多帧输入图像配准和通用图像先验约束超分辨率图像重建	根据时域多帧先验与空域案发现场降质模型联合先验约束超分辨率重建
模型	光流法配准与图像平滑先验	时域稀疏约束与现场后验图像一致先验
技术方法	将输入的多帧图像进行配准,利用图像先验假设交替迭代优化求解	利用时空联合先验约束交替迭代优化求解
对象	低分辨率图像	监控实际图像的超分辨率重建
预期效果	对监控图像重建效果差	对监控图像仍然具有较好的重建效果

2.3　基于稀疏最近邻约束的视频多帧融合算法

监控视频中目标出现常常是多帧图像。不同于单帧图像,视频中的多帧图像在时域上有着大量的互补信息,融合多帧图像信息,生成一幅具有时域先验信息的高质量图像是视频图像处理过程中常用的技术手段[9-11]。现有的方法直接将输入视频序列进行多帧平均可以克服视频帧中的随机噪声[12,13],或者在多帧图像中选择质量最佳者作为输入图像[14],然而当视频中存在局部运动时,直接多帧平均会引入新的误差,因此本书提出基于稀疏最邻近约束的视频帧融合算法,从输入多帧视频帧中生成质量最好的输入帧,提升后续图像处理算法的性能。

2.3.1　视频图像的时域先验模型

具体而言,在超分辨率人脸图像处理过程中,多帧视频融合的主要问题是在时域上目标人脸的姿势、表情会发生变化,传统的多帧平均算法会在局部区域引入其他帧的错误平均信息,无法处理多帧中的随机噪声,导致合成的图像质量降低[15]。

图 2-4 为视频中多帧图像在空间和时间上关系,其中 x、y 轴分别表示图像在空域的坐标轴,t 轴表示在时域的坐标轴,I_n 表示视频中在 t_n 时刻的视频单帧图像,其中 n 表示在目标视频片段中所包含的帧数。

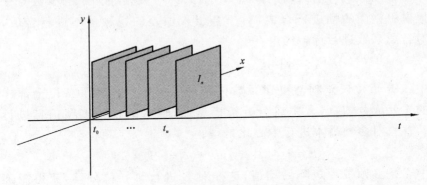

图 2-4　视频多帧图像时空域关系图

为了获得多帧视频在时域上的先验信息,需要对这些多帧图像进行加权合成,获得新的包含 t_0 到 t_n 时间范围内的先验信息,公式如下:

$$I(x,y) = \frac{1}{n} \sum_{i=1}^{n} I_i(x,y) \tag{2.1}$$

其中:$I(x,y)$ 是包含多帧时域先验信息的输出图像在空域位置 (x,y) 处的像素值,$I_i(x,y)$ 表示第 i 帧视频图像在空域位置 (x,y) 处的像素值。利用视频多帧融合时域先验模型能够获得多帧图像在时间上的先验信息。

为了获得视频多帧图像的时域先验信息和降低在图像中出现的随机噪声,视频图像的时域多帧平均模型常用来解决这类问题。然而,在实际应用中,目标人脸的姿势、表情很难在一段时间内保持不变,会引入姿势和表情变化误差信息。为了解决这个问题,本书引入最近邻稀疏约束,自动获得视频段中用于超分辨率正面人脸重建的具有时域先验的输入图像。

2.3.2　基于图像时域先验模型的视频多帧融合算法

假设输入的视频多帧图像组成的矩阵为 $I = [I_1, I_2, \cdots, I_n]$,其中 n 是视频片段的帧数,视频帧的大小为 $p \times q$ 像素,I_i 表示视频第 i 帧图像组成的列向量,其大小为 $p \times q$,y 为所求的具备时域先验信息的输出图像。要求得 y，必须确定对于每帧图像的合成系数 α，有如下公式：

$$y = I\alpha \tag{2.2}$$

对于常用的视频多帧平均模型而言，$\alpha = 1/n$。为了避免存在局部运动的多帧图像融合引入新的误差，本书只针对视频序列中的少数对于能够提供更精确的帧进行合成，对于会引入误差的视频帧不进行合成，这样对合成系数进行稀疏约束：

$$\alpha = \arg \min_a \left(\parallel y - I\alpha \parallel_2^2 + \lambda \parallel \alpha \parallel_1 \right) \tag{2.3}$$

其中:λ 是重建误差项与重建系数稀疏的平衡因子。为了获得全部样本帧的主要成分帧，引入主成分分析模型，对输入的视频多帧信息进行建模。首先对多帧样本进行中心化处理：

$$L = I = [I_1 - \mu, I_2 - \mu, \cdots, I_n - \mu]$$

其中 μ 是多帧视频矩阵的均值，这样对 L 进行奇异值分解，获得矩阵的一组正交基集合 U，这样，序列中的任意图像 i 可以表示为

$$i = \mu + U\nu \tag{2.4}$$

其中:ν 为合成系数，μ 为多帧视频帧矩阵的均值。这样就得到了两种图像表达方法，假设这两种方法重建的图像相同，那么对获得的误差最小，得到如下重建代价函数：

$$\{\alpha, \nu\} = \arg \min_{\alpha, \nu} \left(\parallel \mu + U\nu - I\alpha \parallel_2^2 + \lambda \parallel \alpha \parallel_1 \right) \tag{2.5}$$

其中:λ 为平衡因子，μ、U 和 I 都是已知量。这里需要同时优化两个向量 α 和 ν，利用交替迭代的方法获得最后的重建表达系数，具体的优化方法见文献[15]~[17]。获得稳定解后，可以直接合成得到具有时域先验的输入图像。具体的实验结果分析详细见实验结果分析部分。

2.4　基于后验图像的降质过程自适应估计

在获取了时域先验后，利用案发现场的重建过程，获得空域的高低分辨率之间的后验信息是本节关注的重点问题。

大量文献[18-22]研究了图像的降质过程，并认为超分辨率图像的重建是欠定方程的求解问题。欠定方程求逆问题，需要利用先验知识对图像的重建过程进行约束。为了获得准确的实际图像降质先验，本书利用实际成像现场的后验信息对实际图像成像过程进行模拟，图像后验信息相比通用图像先验有更为准确的先验信息，通过更准确的先验信息来估计

图像的降质模糊核,并将降质模糊参数应用到超分辨率算法中,提升实际图像超分辨率重建质量。为了获取与实际情况一致的后验信息,本书依据案发现场的成像环境和成像条件,模拟获得符合实际情况的低分辨率观测图像 y_p。

2.4.1　现场重建获取后验图像的原则与方法

2.4.1.1　后验图像和输入图像成像条件尽量一致原则

统计表明,大案和要案常常发生在夜间,在低照度条件下视频监控图像质量极低,难以满足刑事侦查辨识嫌疑人的需要。但是对于刑事侦查,从这些仅有的模糊图像中可能发掘出对侦破案件具有重要作用的线索,所以,利用案发现场的图像获取设备获得高分辨率图像到低分辨率图像的降质过程是恢复图像的手段之一。为了获得较为准确的后验信息,首先将输入图像进行分析并和现场设备获取图像进行比对,获得与案发现场具有一致性成像的条件,模拟案件现场图像降质过程。

后验图像获取过程外部的成像条件主要分为以下几个因素。

1) 成像距离

假设实际成像距离为 d,该参数可以根据实际成像的大小与后验图像的大小对比获得,当实际成像图像的大小与后验图像的大小相当时,即假定这个距离为实际的成像距离。

2) 光照条件

根据 Lambertiana 定理,物体的成像与光照及物体的反射率有一定的关系,为了获得与输入图像一致的光照条件,根据输入图像的成像,在成像图像质量大致一致时,确定光照的强度和角度。

3) 目标的姿势和表情

模拟输入图像的姿势和表情,这样可以尽量提供现场环境的后验信息。在模拟环境中,可以尽量获得与输入图像一致的表情和姿势,与此同时,如果不能从输入图像中分辨出具体的表情和姿势,可以按照先正面人脸,然后侧面人脸,中性表情、轻微变化表情等类别分别获得高低分辨率图像对,用以分析实际设备的后验信息。

2.4.1.2 后验高低分辨率图像的获取过程

(1)确定成像距离。在确定了现场的成像环境因素后,调整成像距离,通过移动成像目标与摄像头之间的距离或者镜头变焦,使成像距离为 $d/2$,这样高分辨率后验图像的分辨率增加 1 倍(同时获得成像距离为 $d/4$,分辨率增加 2 倍的高分辨率图像)。获得后验高分辨率图像 X_p,假设在移动摄像机和物体之间距离时,或者通过镜头变焦获得高分辨率图像,假设光照是均匀的,光照的角度不变,由于成像距离的变化,高低分辨率图像之间的光照的强度会发生改变,对于高低分辨率图像进行直方图均衡化,调整光照对高低分辨率图像的影响。

(2)光照条件模拟。对于案发现场的光照条件进行模拟,主要是利用图像中标定大小的物体进行像素值的估算,比对输入图像的像素均值与像素方差,获得与输入图像尽量接近的后验图像。

(3)表情和姿势模拟。对于表情和姿势,在一定范围内获得多表情和多姿势的人脸高分辨率图像样本和对应的低分辨率图像样本,用以在后续分析中使用。

2.4.2 基于尺度不变特征的后验图像对齐

在后验图像的拍摄过程中,高低分辨率图像的面积大小不一致,因此需要从低分辨图像中提取高分辨图像的对应区域。设高分辨率图像为 X,低分辨率图像为 y,首先对高分辨率图像进行下采样得到图像 X_D,然后对图像 y 和 X_D 进行尺度不变特征的提取,最后通过特征点的匹配寻找到高低分辨率图像的对应区域。

首先,从获得的两幅后验图像中找出相等个数的尺度不变特征点。用高分辨率图像逐渐生成一组高斯模糊后的图像,然后将该高分辨率图像的尺寸缩小一半,再依次生成下一组模糊后的图像,以此类推,如果上一幅图像的模糊量为 σ,那么下一幅图像的模糊量为 $k\sigma$,即

$$L(x,y) = G(x,y,k\sigma) \cdot I(x,y) \tag{2.6}$$

这样高分辨率图像就在不同的尺度空间中形成了一个图像组。在这些图像组和低分辨率图像之间进行尺度不变特征的匹配。具体方法是根据特征点将两幅图像分成等个数的三角块,然后对三角块逐个对齐。

由于特征点将该图像分割成为三角化小块,所以 Y_D 的三角块分量

$T'_i = (t'_1, t'_2, \cdots, t'_n)$，其中 t'_n 表示第 n 个三角块，而 $t'_{ii} = (v_1, v_2, \cdots, v_{np})$，$(ii = 1, 2, \cdots, 99)$，$np$ 表示该三角块的像素个数，v_{np} 表示三角块 t'_{ii} 中第 np 个块的像素的值。对 F_{mean} 做相同的处理。取 F_{mean} 的形状信息（即平均形状），分别对 F_i 中图像区域内的每个三角形小块进行仿射变换，对齐到平均形状对应位置上的三角块上，对每一个三角块，二维仿射变换的表达式为

$$\begin{cases} x = ax' + by' + c \\ y = dx' + ey' + c \end{cases} \tag{2.7}$$

其中：x' 和 y' 为待对齐图像上某个三角块三个顶点其中之一的坐标值，x 和 y 是平均形状上对应三角块三个顶点其中一对的坐标值，a、b、c、d、e、f 是仿射变换系数，式（2.7）表示他们之间存在的关系。已知源三角块三对顶点坐标 $(x'_1, y'_1, x'_2, y'_2, x'_3, y'_3)$ 和目标三角块上三对顶点坐标 $(x_1, y_1, x_2, y_2, x_3, y_3)$，便可以利用式（2.8）求出两个三角块变换的仿射变换参数 a、b、c、d、e、f：

$$\begin{bmatrix} x_1 \\ y_1 \\ x_2 \\ y_2 \\ x_3 \\ y_3 \end{bmatrix} = \begin{bmatrix} x'_1 & y'_1 & 0 & 0 & 1 & 0 \\ 0 & 0 & x'_1 & y'_1 & 0 & 1 \\ x'_2 & y'_2 & 0 & 0 & 1 & 0 \\ 0 & 0 & x'_2 & y'_2 & 0 & 1 \\ x'_3 & y'_3 & 0 & 0 & 1 & 0 \\ 0 & 0 & x'_3 & y'_3 & 0 & 1 \end{bmatrix} \begin{bmatrix} a \\ b \\ d \\ e \\ c \\ f \end{bmatrix} \tag{2.8}$$

将求得的仿射变换参数应用到待对齐三角块内所有像素点，得到平均形状上对应三角块平均形状位置上的像素值，即 t'_{ii}。对每个三角块作同样的仿射变换对齐，然后将所有三角块 $T_i = (t_1, t_2, \cdots, t_{99})$ 拼接起来便可得到与 X_D 大小对齐的图像[23]。

2.4.3　基于后验信息的实际下采样矩阵估计

定义 y 为 $N_1 N_2 \times 1$ 的向量，其包含了观测所得的低分辨率图像的像素值，q 表示图像放大的倍数，那么高分辨率图像 X 为 $q^2 N_1 N_2 \times 1$ 的向量，y 中每一个像素对应高分辨率图像中的 q^2 个像素。定义下采样矩阵 $\boldsymbol{D}$，由式（2.6）得

$$y = DX \tag{2.9}$$

$\boldsymbol{D}$ 是一个包含 $N_1 N_2 \times q^2 N_1 N_2$ 的矩阵，即

$$D = \frac{1}{q^2} \begin{bmatrix} 1 & 1 & \cdots & 1 & & & & & & & & & 0 \\ & & & 1 & 1 & \cdots & 1 & & & & & & \\ & & & & & & 1 & 1 & \cdots & 1 & & & \\ 0 & & & & & & & & & 1 & 1 & \cdots & 1 \end{bmatrix} \tag{2.10}$$

这个矩阵定义了高分辨率图像中 q^2 个像素与低分辨率图像中 1 个像素的对应关系，即意味着取 $q \times q$ 像素块的均值，这个矩阵表示理想状态下的取均值下采样过程[24]。然而，对于实际图像的下采样，每个高分辨率块中每个像素的贡献并不一定均等，因此文献[25]定义了实际的下采样矩阵：

$$y = DX + n \tag{2.11}$$

其中：n 为实际图像的噪声，在这里假设噪声符合高斯分布，且均值为 0，方差为 σ^2，噪声用与低分辨率图像向量维数相同的向量来表示。实际中，摄像机的清晰度、焦距、噪声等影响了从高分辨率图像到低分辨率图像的下采样过程，因此利用相同的权值进行下采样不一定符合实际情况，这里定义新的下采样矩阵为

$$D = \begin{bmatrix} a_1 & a_2 & \cdots & a_{q^2} & & & & & & & & & 0 \\ & & & a_1 & a_2 & \cdots & a_{q^2} & & & & & & \\ & & & & & & a_1 & a_2 & \cdots & a_{q^2} & & & \\ 0 & & & & & & & & & a_1 & a_2 & \cdots & a_{q^2} \end{bmatrix} \tag{2.12}$$

其中：$0 < a_i < 1$，$i = 1, 2, \cdots, q^2$，式（3）是式（5）的特例，使得 $a_i = 1/q^2$。在式（2.12）中，对于 a_i 的估计依赖于后验观测所得的低分辨率图像和高分辨率图像。因此，利用后验高低分辨率图像取得的 a_i 会比均值 $1/q^2$ 更符合实际情况。利用最小二乘法可以获得下采样矩阵的解。

2.4.4　基于后验信息的实际模糊矩阵估计

模糊图像是由潜在的清晰图像和模糊核进行卷积的结果，定义如下：

$$y = k * x + n \tag{2.13}$$

其中：y 表示模糊图像，x 表示潜在的清晰图像，$*$ 表示卷积操作，n 表示独立同分布的高斯噪声。通用的基于最大后验概率（MAP）的框架的去模糊方法是同时优化获得潜在清晰图像和模糊核：

$$p(x,k|y) \propto p(y|x,k) p(x) p(k) \tag{2.14}$$

其中：$p(x,k|y)$ 为在模糊图像一定的情况下潜在清晰图像和模糊核的条件概率，而似然函数项 $p(y|x,k)$ 是数据约束项，且

$$\log p(y|x,k) = -\lambda \parallel k*x-y \parallel^2 + C_1 \tag{2.15}$$

其中：C_1 为常数项。最近，文献[26]研究表明，先验 $p(x)$ 采用自然图像的梯度分布，并认为自然清晰图像的梯度分布满足长尾分布（long-tail distribution），常用的表达方式为

$$\log p(x) = -\sum_i |g_{x,i}(x)|^\alpha + |g_{y,i}(x)|^\alpha + C_2 \tag{2.16}$$

其中：C_2 为常数项，α 为调节指数。在本书中，由于已经通过后验场景获得了高分辨率清晰图像，因此可以直接根据图像计算获得先验 $p(x)$ 满足的分布特性。因此，在通用的基于 MAP 框架中的将潜在清晰图像和模糊核同步进行优化的情况可以变成仅对模糊核进行优化的情况，代价函数如下：

$$\hat{k} = \arg \min_k \parallel k*x-y \parallel^2 \tag{2.17}$$

在式（2.17）中，x、y 均为已知参数，可以通过最速下降法获得模糊核估计。

2.4.5　基于后验降质模型的人脸超分辨率算法

前文得到了基于案发现场的后验降质图像，以及利用稀疏约束模型获得的输入多帧视频图像的最佳帧作为人脸超分辨率算法的输入图像。这样，区别于传统的人脸超分辨率算法，本书利用现场后验信息估计得来的降质模糊核约束超分辨率图像的重建过程，从而获得更好的高分辨率人脸图像。本算法利用最大后验概率估计建立低分辨率图像与潜在的高分辨率图像之间的概率模型，把高、低分辨率图像当成两个不同的随机过程。得到如下代价函数：

$$\hat{H} = \arg \max_H (p(H|L)) = \arg \max_H \frac{P(L|H)P(H)}{P(L)} \tag{2.18}$$

其中：L 为观察得到的低分辨率图像，H 为与低分辨率图像对应的潜在的高分辨率图像，$p(H|L)$ 表示在 L 存在的条件下 H 存在的条件概率。

使用条件概率对式（2.18）进行变形，取负对数并舍弃常数项，得到

$$\hat{H} = \arg \min_{H} [-\log(p(L \mid H)) - \log(p(H))] \qquad (2.19)$$

其中：高分辨率图像的先验模型 $p(H)$ 可以用图像的先验知识来确定，通常使用图像局部的光滑性先验，称为约束项。条件概率 $p(L \mid H)$ 表示观察到的低分辨率的成像过程，也称为数据项。这样利用最大后验估计法构建的超分辨率重建代价函数为

$$\hat{H} = \arg\min \ \|L - DBH\|^2 + \lambda \rho(H) \qquad (2.20)$$

其中：$\rho(H)$ 为高分辨率图像的先验正则项，λ 为平衡重建误差和先验项的参数。将预先估计的后验图像的模糊核 B_0 作为优化的初始值，将图像模糊核与高分辨率图像分别当成两个变量进行同步迭代优化求解。得到新的代价函数：

$$\{\hat{B}, \hat{H}\} = \arg \min_{B,H} \|L - DBH\|^2 + \lambda \rho(H) \qquad (2.21)$$
$$+ \alpha \ \|B - B_0\|^2 + \beta \ \|DBH - DB_0 H\|^2$$

其中：第一项为数据项，表示所求得的高分辨率图像在降质后应该和低分辨率图像保持一致；第二项是高分辨率图像的先验约束项；第三项是模糊的约束项，表示估计的模糊核应该尽量和案发现场图像估计获得的模糊核接近；第四项是模糊核数据约束项，表明对于同样的高分辨率图像，降质过程应该是一致的。其中 λ、α、β 分别为各先验项的平衡因子，调节各种先验约束项在图像重建中的作用。

下面利用交替迭代法求解获得高分辨率图像与输入后验图像一致的模糊核参数。记该代价函数为 $f(B, H)$。

首先，假设模糊核参数已知，对高分辨率图像进行迭代求解。对式（2.21）求 H 梯度得到

$$\frac{\partial f}{\partial H} = 2B^{\mathrm{T}} D^{\mathrm{T}} (DBH - L) + \lambda \rho' + 2\beta (B^{\mathrm{T}} D^{\mathrm{T}} - B_0^{\mathrm{T}} D^{\mathrm{T}})(DBH - DB_0 H)$$

$$(2.22)$$

则利用梯度下降法，对高分辨率图像进行迭代求解：

$$H_{n+1} = H_n - \Gamma_1 \frac{\partial f}{\partial H} \qquad (2.23)$$

然后，Γ_1 是迭代步长，设定重建误差为 ε，当 $|H_{n+1} - H_n| < \varepsilon$ 时，停止迭代，输出 H_n 作为估计所得的高分辨率图像。

其次，假设高分辨率图像 H 已知，对模糊核参数进行迭代求解。对式（2.21）求 B 梯度得到

$$\frac{\partial f}{\partial B} = 2H^{\mathrm{T}}D^{\mathrm{T}}(DBH-L) + 2\alpha B(B-B_0) + 2\beta(H^{\mathrm{T}}D^{\mathrm{T}})(DBH-DB_0H)$$

$$(2.24)$$

利用梯度下降法,对模糊核进行迭代求解:

$$B_{n+1} = B_n - \Gamma_2 \frac{\partial f}{\partial B} \qquad (2.25)$$

其中:Γ_2 是迭代步长。设定重建误差为 ε_1,当 $|B_{n+1}-B_n| < \varepsilon_1$ 时,停止迭代,这时 B_{n+1} 为所求模糊核。

最后,交替迭代模糊核与高分辨率图像,直到同时得到比较满意的高分辨率图像和模糊核输出后停止迭代。

综上所述,基于后验降质模型人脸超分辨率算法总结如算法 2.1 所示。

算法 2.1:基于后验信息降质过程自适应估计人脸超分辨率算法

输入:视频序列,后验图像对。

步骤 1:利用时域先验视频多帧融合算法提取视频帧中的输入图像帧。

步骤 2:抠取目标人脸图像,利用 2.4.2 节中尺度不变特征对输入图像和后验图像对进行对齐。

步骤 3:利用 2.4.4 节中的后验信息估计法获得后验图像降质参数的初始值。

步骤 4:利用 2.4.5 节中的基于后验信息的人脸超分辨率算法计算获得清晰图像和降质模糊核参数。

输出:目标人脸的清晰图像 H 和降质模糊核参数 B。

2.5　实验结果及分析

2.5.1　实验目的与原理

实验目的:通过仿真实验,证明本书提出的监控视频图像后验信息降质过程自适应估计的合理性与可行性。首先证明本书提出的稀疏约束时域视频多帧融合算法对超分辨率图像重建的作用。然后,利用实际后验图像约束模糊核的求解,并将获得的模糊核应用到实际图像超分辨率算法中,验证本书提出的基于后验信息的图像降质过程估计的有效性。

实验原理:根据信号的奈奎斯特采样定理,如果要恢复出原信号,采样频率至少是信号频率的 2 倍,可以将低质量图像的超分辨率问题看成是欠采样信号的恢复问题,和传统的信号恢复理论不同,稀疏编码理论将信号表达成一个过完备库和一组大部分为 0 的系数的乘积。近年来科学研究表明：稀疏表达理论符合人脸视觉认知过程，因而稀疏先验具有良好的特性。本实验在传统信号恢复的基础上，利用监控视频中和现场相关的特性，获得高低分辨率的后验图像，利用后验图像估计出实际的降质模糊核，利用更准确的先验知识约束高分辨率图像的重建。

2.5.2 实验条件及设备

实验环境：为了模拟实际监控环境，本书专门搭建了实际监控视频的室内环境模拟测试室（图 2-5），实际视频后验图像获取试验装置由监控影像获取与传输系统、计算机以及相关软件组成。计算机主机上安装有志成数字视频监控管理软件，用以获取实际监控视频。

图 2-5 实际环境模拟测试室

实际监控视频环境模拟实验系统设备组成如表 2-3 所示。

表 2-3 实际监控视频实验室设备清单列表

编号	名称	规格	用途
1	可调亮度光源	2 个，奥特朗 MT-920 银色，线控调光落地灯	光照条件模拟
2	三脚架	2 个，伟峰 WT3570	固定摄像头、光照探头设备
3	网线	30×2 m，含水晶头	视频传输
4	直通头	1 个	接口转换
5	集线器	TP-LINK，TL-HP8MU	信号连接与传输
6	窗帘	遮光窗帘	调节室内外光线
7	摄像机	三星可调焦一体机（SCC-C4203AP）	视频影像获取
8	视频服务器	海康 DS-6100 系列	视频网络传输
9	相关软件	数字视频监控管理中心	视频录像管理与操作
10	专业级照度计	台湾泰仕 TES-1339，测量范围自 0.01 Lux 到 999 900 Lux	环境照度测量

实验软件环境：操作系统为 Windows XP Professional 版操作系统。仿真软件为 MathWorks 公司的 MATLAB R2012a 32bit 版仿真平台。

其他预处理软件：自开发的视频多帧处理软件，人脸图像获取软件，人脸对齐软件。

算法运行平台的硬件条件：算法运行的硬件平台是 Dell Optiplex 380 商用计算机，具体的硬件配置如表 2-4 所示。

表 2-4　硬件环境参数表

硬件环境参数	说明
CPU	Pentium(R)Dual-Core E6700 3.2 GB 双核
内存	2 GB DDR2 内存
硬盘	500 GB
显卡	Interl® G41 Express Chipset 集成显卡
网卡	千兆以太网卡
操作系统	Windows XP

数据库：实验采用中国科学院计算技术研究所提供的 CAS-PEAL-R1 人脸库，该人脸库总共包含 1 040 个对象的不同姿势、表情、装饰和光照的 30 863 幅图像。从该样本库中选取 1 000 幅正面姿势、严肃表情和正常亮度的图像，其余的 40 个正面人脸图像作为测试样本，并抠取人脸部分图像做样本，统一分辨率大小为 112×96 像素，并用仿射变换对齐人脸图像，以人眼的中心为标准对齐全部样本。图像下采样 4 倍（分辨率为 28×24 像素）。

2.5.3　测试标准及实验方法

实验环境客观描述：从图像的物理成像过程可以得知，图像的成像质量与光照强度有关，特别是大案要案的发案时间往往是在夜间，监控摄像头获得的视频资料常常因为光照不足而使成像质量不高。因此，本书的专用实验室中配置了光照测量设备，用于获取环境照度参数。

光照强度是指物体表面被照射的强度，是物体表面得到的光通量与被照射面积之比，其单位是勒克斯（lux，$1\ lux = 1\ lm/m^2$）。光通量是指光源在单位时间内发出的光量总和，它的单位是流明（lm）。在本实验中，采用专业的光照计测量光照条件，根据光照计的读数获得环境光照强度的客观值，由于光照的强度与光源的距离有关，因此光照计的感应端利用三脚架和人脸处理同一平面，在目前的研究中，都假设使用正光，不同角度的光照问题在后期研究中处理，本书不涉及侧面光照的问题。

图像客观测试标准：本书的图像客观测试标准采用峰值信噪比（PSNR）来衡量重建高分辨率图像与原始图像之间的信号保真程度。峰值信噪比在本书中作为图像重建的客观指标，其具体的计算公式详见附录一。为了全面衡量重建图像的客观质量，本书还采用了结构相似性度量（SSIM）指标，该指标主要从图像的结构信息进行对比获得重建图像与原始图像之间保真程度的比值，其具体的计算公式见附录一。

实验方法：为了验证本书提出的基于后验信息降质过程自适应估计的有效性，并将其应用到超分辨率算法中。本书的实验步骤如图 2-6 所示，首先对输入的人脸视频序列进行解码，对这些视频进行选择前处理，利用本书提出的稀疏最邻近约束模型从输入视频中获得最佳质量的输入图像；然后，根据与输入视频现场条件接近的后验图像，利用后验信息对实际降质模糊核进行估计，获得与实际视频输入低分辨率图像一致的降质模糊核；接着，利用实际后验信息约束的模糊核约束超分辨率迭代求解，获得高分辨率重建图像；最后，将本书算法获得的重建图像的主客观指标和学科前沿算法获得的相对应指标进行比较，得出实验结论。

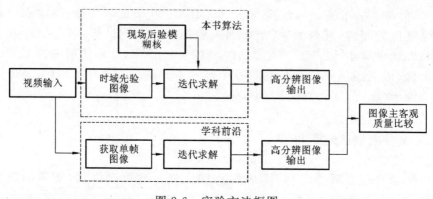

图 2-6　实验方法框图

2.5.4　实验数据及处理

为了对实验数据进行科学合理的分析，这里对所有的测试数据进行统计处理，主要的处理方法是指获得数据的均值和方差。

假设 L_i 表示第 i 个数据的指标值，$i \in [1, n]$，其中 n 表示观测值的个数。那么这些数据的均值为

$$m = \frac{1}{n} \sum_{i=1}^{n} L_i \qquad (2.26)$$

数据标准差：反映样本分布偏离均值的情况，其定义为

$$\sigma = \sqrt{\frac{1}{n}(L_i - m)^2} \qquad (2.27)$$

对于所有的实验结果，分析数据得到均值和标准差，利用这两个指标对比不同算法重建效果。

本书从三个方面的实验来验证所提出算法的有效性。

2.5.4.1　基于稀疏最邻近约束的视频帧融合算法

输入视频序列为实际监控环境的模拟视频片段，这里设定的模拟实验室视频的编码格式为 AVI，帧率为每秒 25 帧。在正常的帧率情况下，如果能够稳定地获取正面人脸视频图像 1 s，可以获得至少 25 帧图像，这样可以利用本书提出的稀疏约束算法选择多帧视频中最好的表达帧进行融合。从多帧平均的角度，直接多帧平均能够获得时域的平滑图像，通过实验可以发现主观图像质量经过多帧平滑后有明显的提升。然而，在实际监控视频中，嫌疑目标的人脸常常会由表情变化获得姿势的变化，对于这样的目标局部变化利用传统的配准算法进行配准将存在着很大的难度，主要原因是视频图像质量低、分辨率低，其次局部目标的亚像素精度的配准也十分困难。

本实验的对比算法是多帧平均算法和随机获取单帧方法。这里选取一段实际监控视频段，目标人脸出现时长是 5 s，共 125 帧图像，去掉目标图像内容变化较大的帧，选取与正面人脸最相关的 25 帧，如图 2-7 所示，可以发现视频帧序列的后面部分帧中目标在移动，因此直接多帧平均会引入误差。

实验结果如图 2-8 所示，从左到右的顺序图像：图 2-8(a) 为多帧平均算法；图 2-8(b) 为随机帧选择；图 2-8(c) 为本书提出的稀疏约束帧表达算法，其中第一行表示直接对原始图像进行合成的结果，第二行表示对这些结果进行了灰度变换后的图像，提升图像的亮度以增强图像的视觉质量。从图中可以发现，图 2-8(a) 由于选择了全部帧，反而引入了误差，使得目标人脸图像出现模糊，图 2-8(b) 随机帧选择算法，获得的人脸图像存在噪声的影响，图 2-8(c) 为本书提出的算法，选择了多帧中的部分帧表达，在时域上获得了较平滑的先验图像。

本书算法的参数设置是主成分分析过程使用全部特征向量，稀疏控制因子 $\lambda = 0.01$，优化算法采用文献[25]中的算法，对比算法使用多帧平

图 2-7 视频输入帧序列图

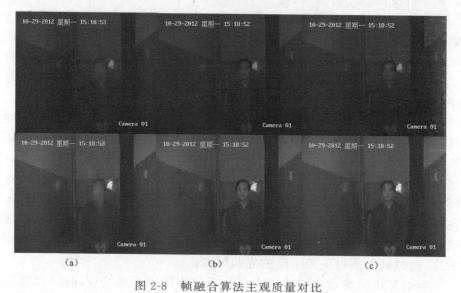

(a)　　　　　　　　　(b)　　　　　　　　　(c)

图 2-8 帧融合算法主观质量对比

均算法和随机取帧算法。从主观效果可以明显看出，图 2-8(b)中人脸图像中存在着噪声，相比图 2-8(c)可以获得更平滑的人脸图像，降低了随机噪声的影响，因此本书提出的算法优于两项对比算法。

2.5.4.2　基于后验信息降质过程自适应估计的超分辨率算法实验

为了验证后验模糊糊估计对超分辨率图像重建的影响，本书设计了仿真实验来验证基于后验信息模糊核估计超分辨率算法的有效性。首先，从测试图像中取 20 幅高分辨率人脸图像，使用高斯模糊核模拟图像的降质过程。假设高斯模糊的窗口大小为 7，其方差为 3.5，下采样 4 倍获得低分辨率图像作为输入图像，然后使用本书算法求解高分辨率图像。选择学科前沿算法即 2012 年彭思龙等提出的三变量耦合超分辨率算法[8]和双三次插值方法作为参考算法，因为单帧图像三变量耦合算法中的图像配准环节可以省略，所以其他参数设置与文献相同。本书算法估计的模糊核强度的初始值设置为 3.5，迭代次数为 60。随机选取了 6 幅人脸图像的实验结果，主观重建图像质量如图 2-9 所示。

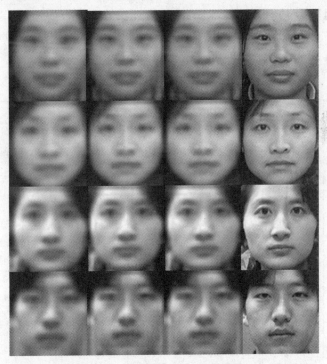

图 2-9　基于后验信息降质过程自适应估计的超分辨率算法主观质量图

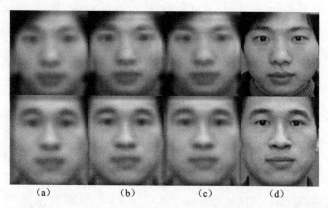

(a)　　　　　　(b)　　　　　　(c)　　　　　　(d)

图 2-9　基于后验信息降质过程自适应估计的超分辨率算法主观质量图(续)

其中图 2-9(a)为双三次插值算法,图 2-9(b)为三耦合变量联合估计算法[8],图 2-9(c)为本书提出的基于后验信息降质过程自适应估计超分辨率算法,图 2-9(d)为原始图像。从主观观察可以发现,相比双三次插值算法,本书提出的算法具有明显优势,能提供更多高频细节,相比三耦合变量联合估计算法,本书提出的算法在局部,如眼睛周边的细节信息要更多。在比较主观质量的同时,这里计算了本书提出的算法和对比算法的客观质量指标,客观重建质量如表 2-5 所示。

表 2-5　不同图像超分辨率算法的客观质量对比

测试图像序号	测试方法					
	双三次插值算法		三耦合变量联合估计算法[8]		本书算法	
	PSNR/dB	SSIM	PSNR/dB	SSIM	PSNR/dB	SSIM
1	23.646 66	0.774 096	24.174 3	0.799 728	24.914 54	0.802 462
2	22.285 14	0.741 177	22.895 59	0.776 99	23.427 19	0.780 616
3	22.701 81	0.743 273	23.177 65	0.781 99	24.264 78	0.782 475
4	24.288 53	0.787 746	24.908 25	0.816 314	25.640 47	0.821 083
5	24.540 25	0.816 055	24.939 31	0.839 832	26.194 13	0.839 827
6	23.385 8	0.807 344	23.787 13	0.836 24	25.384 83	0.835 813
7	23.242 64	0.793 561	23.636 13	0.819 951	25.270 56	0.819 149
8	23.709 47	0.802 188	24.278 43	0.832 59	24.481 94	0.833 398
9	23.614 72	0.772 072	24.095 36	0.801 88	25.124 57	0.805 781
10	21.559 41	0.711 223	22.189 29	0.752 142	23.068 36	0.754 079
11	22.456 07	0.793 812	23.155 63	0.828 967	23.864 32	0.830 391
12	24.037 36	0.803 978	24.762 65	0.830 205	25.126 67	0.831 199

续表

测试图像序号	测试方法					
	双三次插值算法		三耦合变量联合估计算法[8]		本书算法	
	PSNR/dB	SSIM	PSNR/dB	SSIM	PSNR/dB	SSIM
13	23.549 53	0.787 424	23.964 1	0.811 069	24.986 51	0.812 806
14	23.679 79	0.779 982	24.315 23	0.815 324	25.307 16	0.816 252
15	23.316 31	0.795 987	23.596 21	0.818 239	24.643 62	0.818 599
16	22.094 39	0.771 764	22.725 55	0.811 03	23.634 49	0.809 987
17	24.530 83	0.818 658	24.745 83	0.836 536	26.599 3	0.838 236
18	23.984 66	0.781 136	24.532 02	0.810 494	25.254 98	0.815 4
19	22.870 11	0.747 006	23.423 96	0.781 135	24.383 96	0.787 631
20	23.884 36	0.769 2	24.293 15	0.797 129	25.116 97	0.804 117
平均值	23.368 89	0.779 884	23.879 79	0.809 889	24.834 47	0.811 965

　　从表 2-5 可以看出,本书提出的算法相比双三次插值算法,PSNR 平均提升了 1.47 dB,SSIM 值平均提升了 0.032;相比三耦合变量联合估计算法[8],PSNR 平均提升了 0.95 dB,SSIM 值平均提升了 0.002。本算法所对应的客观指标盒状图如图 2-10 所示。

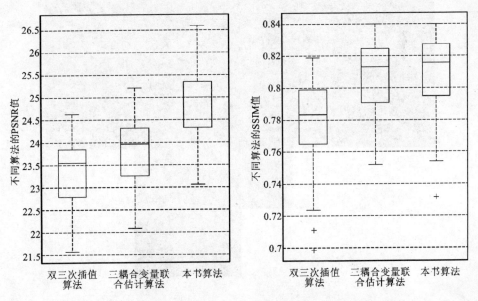

图 2-10　不同超分辨率图像重建算法的客观值指标对比图

2.5.4.3　实际拍摄图像重建实验

为了测试本书提出的基于后验信息自适应降质过程估计的超分辨率算法对实际监控视频图像的有效性,本书设计了实际监控图像实验。视频采集环境是专门搭建的专业模拟实验室,使用成像设备获得在同一光照条件下的不同距离获得分辨率大小不同的图像,然后使用本书提出的时域处理算法获得最佳帧图像作为输入,获得高低分辨率对齐的后验图像对,计算实际视频图像的降质模糊核初始值,利用这个初始值进行双变量迭代优化求解,获得实际图像的降质模糊核,并将该降质模型应用到超分辨率算法中。监控视频图像的大小为标准 CIF 图像格式(352×288 像素)。如图 2-11 所示,模拟实际监控环境获得低分辨率人脸图像和对应的高分辨率人脸图像,其中图 2-11(a)和图 2-11(d)是同一场景、同一目标人脸的不同尺度的视频帧图像,图 2-11(a)的成像距离是图2-11(d)的 2 倍,对这两幅后验图像获得尺度不变特征进行对齐和配准操作,抠取出人脸部分如图 2-11(b)和图 2-11(c)所示,对应的低分辨率图像大小为(28×24)像素,放大倍数为 4,在空间上对应的高低分辨率图像包含了实际监控环境的降质过程。

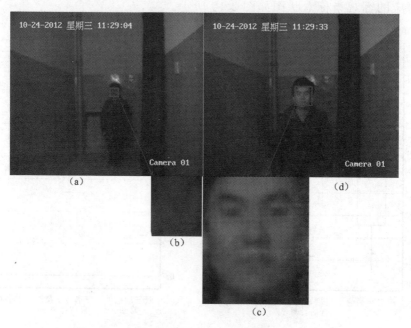

图 2-11　后验现场高低分辨率人脸图像示例图

如图 2-12 所示,本书利用基于稀疏约束的多帧融合算法对输入的视频片段进行处理,其中,图 2-12(a)是原始视频帧,图 2-12(d)是时域稀疏帧表达获得的平滑图像,图 2-12(b)是未处理的原始帧人脸图像,图 2-12(c)是基于稀疏约束多帧融合算法处理后的人脸图像,其大小为 28×24 像素。

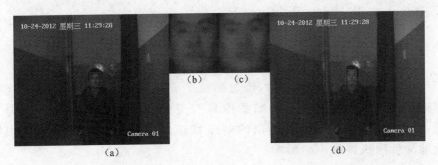

图 2-12　实际监控视频帧获取输入人脸图像示意图

为了测试本书提出的基于后验信息自适应降质过程估计的超分辨率算法的性能,本书选择三变量耦合超分辨率算法[25]和双三次插值算法作为参考算法。实际人脸图像实验结果如图 2-13 所示,输入的人脸图像是在模拟实验室实际拍摄而来,抠取的人脸图像大小是 28×24 像素,放

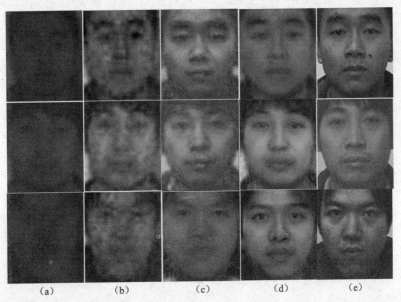

图 2-13　实际拍摄图像超分辨率实验
(a)低分辨率图像;(b)双三次插值图像;(c)参考对比算法超分辨率图像[25];
(d)本书提出的超分辨率算法重建图像;(e)高分辨率参考图像

大倍数为 4,图像输入前按照人脸器官主要位置进行对齐,将图像转换到灰度图空间进行超分辨率处理,本书算法和参考对比算法的输入图像一致,视频的多帧对齐处理参考文献[25]中的设置,本书多帧融合算法参考前文实验。

2.5.5 实验结论

2.5.5.1 基于稀疏约束的多帧融合算法

从图 2-12 可以直接看出,经过稀疏平滑约束表达得到的图像相比全部帧平均算法和随机选择的帧图像具有更好的主观质量。通过研究发现,在低照度条件下,本书提出的基于稀疏约束的多帧融合算法可以有效地降低随机热噪声的影响。

2.5.5.2 基于后验信息降质过程自适应估计的超分辨率算法

从图 2-9 的各种超分辨率算法与本书算法的对比图像可以看出,在仿真图像的先验约束下,本书利用双变量迭代求解算法获得模糊核与高分辨率图像的双重优化结果。图 2-9(c)与(a)、(b)的对比可以看出,本书重建图像相比对比算法重建的主观质量有所提升。为了进一步量化本实验的重建质量,采用了 PSNR 和 SSIM 两个指标来衡量不同算法的重建结果,结果如表 2-3 所示,全部测试图像的重建图像的客观值都列在表中,可以看出,本书提出的算法相比双三次插值算法,PSNR 平均提升了 1.47 dB,相比反向迭代投影算法,PSNR 平均提升了 0.95 dB;SSIM 指标则相比参考算法分别提高了 0.032 和 0.002。如图 2-10 所示,SSIM 的结果与 PSNR 的结果基本趋势是一致的,而且与主观图像的结论相符合。仿真实验数据表明后验的模糊核估计获得了准确的图像降质过程,提升了高分辨率图像的重建主客观质量。

2.5.5.3 实际拍摄图像重建数据

实际图像超分辨率重建算法的主观质量表明,利用相同的输入条件,本书提出的基于后验信息自适应降质过程估计的超分辨率算法相比学科前沿算法具有更好的主观重建质量。

参 考 文 献

[1] DONG W,ZHANG L,SHI G,et al. Image deblurring and super-resolution by adaptive sparse domain selection and adaptive regularization[J]. IEEE Transactions on Image Processing,2011,20(7): 1838-1857.

[2] 卓力,王素玉,李晓光.图像/视频的超分辨率复原[M].北京:人民邮电出版社,2011.

[3] CAMPISI P,EGIAZARIAN K. Blind Image Deconvolution:Theory and Applications[M]. Boca Raton,FL:CRC,2007:12.

[4] SMITH L N,WATERMAN J R,JUDD K P. A new blur kernel estimator and comparisons to state-of-the-art[C]//Proceedings of SPIE 8014,Infrared Imaging Systems:Design,Analysis,Modeling,and Testing XXII,80140N,2011.

[5] KAFTORY R,SOCHEN N. Variational blind deconvolution of multichannel images[J]. International Journal of Image and System Technology,2005,15(1):55-63.

[6] FARSIU S,ROBINSON D,ELAD M,et al. Fast and robust multiframe super resolution[J]. IEEE Transactions on Image Processing,2004,13(10):1327-1343.

[7] LIN Z,SHUM H Y. Fundamental limits of reconstruction-based super-resolution algorithms under local translation[J]. IEEE Transactions on Pattern Analysis and Machine Intelligence,2004,26(1): 83-97.

[8] ZHANG X S,JIANG J,PENG S L. Commutability of blur and affine warping in super-resolution with application to joint estimation of triple-coupled variables[J]. IEEE Transactions on Image Processing, 2012,21(4):1796.

[9] YOSHIDA T,TAKAHASHI T,DEGUCHI D,et al. Robust face super-resolution using free-form deformations for low-quality surveillance video[C]. IEEE International Conference on Multimedia and Expo(ICME),2012:368-373.

[10] ZHEN J,WANG H,XIONG Z,et al. Fast face hallucination with sparse representation for video surveillance[C]. The First Asian Conference on Pattern Recognition,2011:179-183.

[11] JIANGANG Y,BHANU B. Super-resolution of deformed facial images in video[C]. The 15th IEEE International Conference on Image Processing,2008:1160-1163.

[12] NASROLLAHI K,MOESLUND T B. Finding and improving the key-frames of long video sequences for face recognition[C]. The Fourth IEEE International Conference on Biometrics:Theory Applications and Systems,2010:1-6.

[13] ZHANG D,HE J. Face super-resolution reconstruction and recognition from low-resolution image sequences[C]. The 2nd International Conference on Computer Engineering and Technology,2010,2 (6):V2-V620-V2-624.

[14] NASROLLAHI K,MOESLUND T B. Extracting a good quality frontal face image from a low-resolution video sequence[J]. IEEE Transactions on Circuits and Systems for Video Technology, 2011,21(10):1353-1362.

[15] JILLELA R R,ROSS A. Adaptive frame selection for improved face recognition in low-resolution videos[C]. International Joint Conference on Neural Networks,2009:1439-1445.

[16] HU Y,MIAN A S,OWENS R. Face recognition using sparse approximated nearest points between image sets[J]. IEEE Transactions on Pattern Analysis and Machine Intelligence,2012,43(10):1992-2004.

[17] AHARON M, ELAD M, BRUCKSTEIN A. K-SVD:An algorithm for designing overcomplete dictionaries for sparse representation[J]. IEEE Transactions on Signal Processing,2006,54(11):4311-4322.

[18] MURRAY J F,KREUTZ-DELGADO K. Learning sparse overcomplete codes for images[J]. Journal of VLSI Signal Processing,2006,45(1):97-110.

[19] PARK S C,PARK M K,KANG M G. Super-resolution image reconstruction:A technical overview [J]. IEEE Signal Processing Magazine,2003,30(3):21-36.

[20] TIAN J,MA K K. A survey on super-resolution imaging[J]. Signal Image and Video Processing,2011,5:329-342.

[21] BAKER S,KANADE T. Limits on super-resolution and how to break them[J]. IEEE Transactions on Pattern Analysis and Machine Intelligence,2002,24(9):1167-1183.

[22] 熊异,黄东军. 基于马尔可夫网络人脸图像超分辨率非线性算法[J]. 计算机应用研究,2009,26(8):3163-3165.

[23] 吴炜,杨晓敏,陈默,等. 基于流形学习的人脸图像超分辨率技术研究[J]. 光学技术,2009,35(1):84-92.

[24] 黄丽,庄越挺,苏从勇,等. 基于多尺度和多方向特征的人脸超分辨率算法[J]. 计算机辅助设计与图形学学报,2004,16(7):953-961.

[25] LIU C,SHUM H Y,FREEMAN W T. Face hallucination:Theory and practice[J]. International Journal of Computer Vision,2007,75(1):115-134.

[26] GAJJAR P P,JOSHI M V. New learning based super-resolution:Use of DWT and IGMRF prior[J]. IEEE Transactions on Image Processing,2010,19(5):1201-1213.

第 3 章　基于半耦合核非负表达的全局脸超分辨率算法

　　本章主要讨论基于半耦合核非负表达的自适应全局人脸超分辨率算法,首先分析人脸形状特征相比纹理信息对于降质干扰更鲁棒的机理,并利用基于模版匹配约束的人脸形状点定位模型实现自动获得低分辨率图像的人脸形状参数,在形状特征空间建立特征相似性度量函数,并利用人脸形状特征方法实现对输入样本图像的自适应先验选择。在获得与输入图像更一致的先验表达的基础上,提出包含人脸局部特征的非负矩阵分解方法获得人脸图像的表达字典,针对现有的主成分分析方法的表达字典局部信息不足的问题,建立半耦合的非负矩阵表达约束代价函数,同步优化半耦合非负表达字典和非负特征转化函数,实现全局脸超分辨率算法,在此基础上,针对实际降质干扰影响了高低分辨率表达系数几何流形一致性而导致重建质量较差的问题,提出核空间的半耦合非负表达全局脸超分辨率算法,从现有的线性表达推广到更具普适性的非线性表达算法,揭示高低分辨率图像表达系数之间的复杂关系,进而提升超分辨率算法的实效性。

　　理论分析和实验表明:本书提出的半耦合核非负表达超分辨率算法,相比前沿全局脸算法,在重建图像的主观和客观质量方面均有提升,客观重建质量 PSNR 平均提升了 1.22 dB。初步解决在实际超分辨算法中重建质量差的问题,提升面向刑侦应用的人脸超分辨率算法的实效性。

3.1　引言

　　全局脸超分辨率算法中,假设高分辨率图像和低分辨率图像的表达系数在不同的分辨率空间具有几何一致性，基于流形一致性理论，将输入低分辨率图像的表达系数保持到高分辨率空间合成输出图像。因此，高低分辨率图像空间的表达系数流形一致性问题是超分辨率算法的基础前提。实际成像过程的降质干扰，使得原有的流形几何结构一致性假设不满足，导致在实际监控环境下的超分辨率图像重建质量急剧下降。

全局脸超分辨率里程碑文献[1]中，提出了基于特征转换算法的超分辨率算法，该算法利用子空间学习方法对输入图像进行表达，并将特征转换到样本空间进行合成。然而，样本库中高低分辨率图像主成分表达系数之间的流形几何一致性并不能完全满足。为了解决表达系数的几何流形一致性问题，文献[2]提出了基于典型相关分析的人脸超分辨率算法，利用典型相关分析获得高低分辨率图像相互关联的表达系数，提升高低分辨率表达系数的相互表达能力。如图 3-1 所示，典型相关分析表达系数的邻域保持率相比主成分分析方法的邻域保持率有提升。其中邻域保持率定义为在高分辨率空间中的样本相邻关系在对应的低分辨率样本中也保持比例，度量了表达系数之间的流形一致性。图中纵轴表示的是邻域保持率，横轴表示的是图像子空间最近邻样本的个数。实验使用中国科学院计算技术研究所的 CAS-PEAL 人脸数据库，低分辨率图像为 32×32 像素，放大倍数为 4，使用 1 000 维分别表示高低分辨率

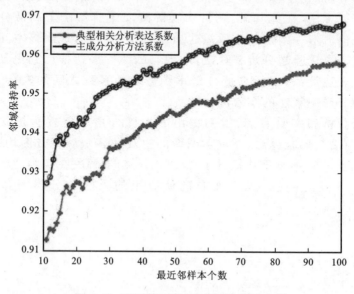

图 3-1　不同算法的邻域保持率对比[2]

的样本图像。从图中可以看出,典型相关分析的图像表达方法的邻域保持率相比主成分分析表达法的邻域保持率有所提升,使得基于典型相关分析的人脸超分辨率算法相比主成分分析方法 PSNR 值平均提升 2.76 dB,提升了 10.23%。

从以上实验分析可以看出,导致实际超分辨率图像重建质量降低的主要因素是实际降质干扰使得原有的高低分辨率流形一致性假设受到影响,利用非线性的流形一致性表达算法可以提升超分辨率图像的重建性能,因此解决实际全局脸超分辨率算法的核心在于如何获得对实际降质过程自适应的非线性流形一致性算法框架[3]。

3.2　方法比较

全局脸超分辨率算法的图像重建质量取决于高低分辨图图像表达系数的流形一致性(图 3-2),极低质量的监控图像中的实际降质干扰,使得高低分辨率表达系数之间的几何流形一致性假设难以满足,使得实际监控图像的重建质量急剧下降,进而导致传统方法重建人脸图像的可辨识度降低。

图 3-2　传统全局脸超分辨率算法原理框图

实际监控视频图像受模糊、噪声的干扰,使得高低分辨率图像之间的几何一致性假设难以满足,现有的线性表达模型难以准确描述高低分辨率特征系数之间的复杂映射关系,因此本书利用核空间的非线性模型将会更好地揭示高低分辨率图像之间的复杂关系(图 3-3),从而获得针对监控降质干扰鲁棒的人脸超分辨率重建图像。

经过研究与分析,本书将现有全局脸超分辨率算法的原理、模型等要素与本章所提出的方法进行对比,结果如表 3-1 所示。该表说明本书所提出的全局脸超分辨率算法与传统方法在原理、模型等方面存在差异。本章后续的内容将展开阐述具体的技术与算法细节。

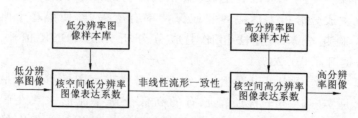

图 3-3　基于半耦合核非负表达的全局脸超分辨率算法原理框图

表 3-1　现有全局脸超分辨率算法与半耦合核非负表达全局脸超分辨率算法比较

	传统方法	本书方法
原理	高低分辨率图像表达系数的线性流形一致性	高低分辨率图像表达系数的核空间流形一致性
模型	主成分分析模型	非负矩阵分解模型
技术方法	将输入图像在低分辨率样本的 PCA 特征空间中的合成系数映射到相应高分辨率样本库像素域合成，通过高分辨率样本合成重建图像	输入图像在具有半耦合一致性的特征表达域进行分解与合成，通过建立低维特征到高维特征的转化关系获得高分辨率图像
对象	低分辨率图像	监控实际图像
预期效果	对监控图像重建效果差	对监控图像仍然具有较好的重建效果

3.3　基于人脸形状特征度量的自适应先验选择算法

　　大量的超分辨率文献讨论了如何选择不同的先验并约束重建过程以希望取得理想的重建图像质量[4-8]。在实际监控视频的人脸超分辨率算法中，特别是存在强噪声干扰的条件下，输入的图像常常只有模糊的图像边缘，这样的输入条件使得现有的超分辨率算法以图像像素特征相似为准则的重建方法难以获得理想的重建质量。本书在前期研究中提出了人脸形状语义特征来约束超分辨率重建图像并取得了良好的效果[9]，实验表明人脸形状可以作为对噪声鲁棒的描述其内在结构的特征，因此本书使用人脸形状特征对样本进行分类。为了实现自动获取低分辨率输入图像的形状语义点位置，本节提出基于局部约束模型的人脸形状感知方法。

3.3.1　基于人脸形状感知模型的特征定位方法

本节提出一种基于局部约束模型的人脸形状感知方法,获得在低分辨率低质量条件下的人脸形状点的获取方法,并在此基础上,提出基于形状语义的人脸相似性准则,通过人脸形状的相似性准则约束图像超分辨率重建过程[10],对通用的人脸样本库进行聚类,从而获得与输入图像更一致的样本先验。为了表示人脸形状,利用主动形状模型(ASM)来描述人脸的形状点位置,如图 3-4 所示,选取人脸器官边缘的位置点 32 个,利用这些点来描述人脸的形状[11-13]。

图 3-4　人脸形状点示意图

用 (x_i,y_i) 表示人脸形状中第 i 个点的坐标位置,定义:

$$L=\{s_i\,|\,i=1,\cdots,n;s=(x_1,y_1,x_2,y_2,\cdots,x_m,y_m)^{\mathrm{T}}\} \tag{3.1}$$

其中:n 为样本的个数;m 为定义的人脸形状点的个数。令

$$\bar{s}=\frac{1}{n}\sum_{i=1}^{n}s_i \tag{3.2}$$

即 $\bar{s}$ 表示人脸样本库中形状参数的平均人脸形状。类似地,对人脸除形状以外的纹理部分进行建模,$\bar{t}$ 表示样本库人脸的平均纹理,对样本库中的人脸图像按照形状参数和纹理参数进行主成分分析,得到

$$s=\bar{s}+P_s b_s, \quad t=\bar{t}+P_t b_t \tag{3.3}$$

其中:P_s 为对 L 进行主成分分析的特征向量;b_s 为人脸形状的特征系数。同样,P_t 表示对样本库的人脸纹理进行主成分分析获得的特征向量,b_t 表示人脸纹理特征系数。利用主成分分析建立人脸形状和模板纹理联合模型:

$$c=P_c b \tag{3.4}$$

其中

$$P_c=\begin{pmatrix}P_{cs}\\P_{ct}\end{pmatrix}\cdot b=\begin{pmatrix}W_s b_s\\b_t\end{pmatrix} \tag{3.5}$$

其中:b 表示形状和纹理的联合系数;W_s 表示纹理与形状之间的调节系数;c 表示输入的形状和纹理;P_c 是形状 P_{cs} 和纹理 P_{ct} 的联合特征向量正交矩阵。

　　主动形状模型利用人脸标定的形状构建形状模型,在形状和纹理联合模型的作用下,首先利用形状模型确定输入人脸形状点的大致位置,然后利用纹理模型边缘局部信息搜索匹配标定的特征点的准确位置。然而,实际监控图像受噪声的干扰,如图 3-5 所示,低质量、低分辨率的人脸图像在边缘部分不清晰,直接导致主动形状模型在点搜索匹配过程中精度下降。

图 3-5　低分辨率图像示例图

　　针对这一问题,本节提出基于局部约束模型的人脸感知过程,通过局部纹理模版约束形状参数获取,相比主动形状模型在低质量条件下获得更精确的形状标定点。

　　如图 3-6 所示,以人脸形状点为中心坐标,选取 $k \times k$ 大小的像素块作为形状局部模板,并利用形状局部模版对形状点进行约束。

图 3-6　人脸形状点和其局面纹理约束模版

　　输入一个低分辨率人脸图像,通过式(3.1)获得初始的形状特征点的位置,对于形状点,(x_i, y_i) 表示形状特征点 i 的位置,$k \times k$ 大小的像素块作为形状局部模板表示为 $T_i(x_i, y_i)$。对于任意的形状参数,表示为向量 $X = (x_1, y_1, \cdots, x_n, y_n)^{\mathrm{T}}$。$X$ 是通过形状参数 b_s 计算得来的,定义 T_r 为形状参数转化为形状坐标的转换矩阵,那么 X 可以表示成如下形式:

$$X \approx T_r(\bar{x} + P_s b_s) \tag{3.6}$$

把转换矩阵 T_r 和形状参数 b_s 改写成 $p=(T_r^T|b_s^T)^T$。这样可以构建关于 p 的目标函数：

$$f(p) = \arg\min_p\left(\sum_{i=1}^n T_i(X_i,Y_i) + K\sum_{j=1}^s \frac{-b_j}{\lambda_j}^2\right) \tag{3.7}$$

第二项是利用给定的形状参数 b_j 和特征值 λ_j 的似然估计，参数 K 是调整形状准确性和特征位置的权重参数，其具体值通过实验确定。目标函数 $f(p)$ 的优化求解采用 Nelder-Meada 方法，详细步骤见文献 [14]～[16]。

3.3.2　基于 Hausdorff 距离的人脸形状相似性度量

Hausdorff 距离是刻画两组点集之间相似程度的常用数学工具，定义了两个点集之间距离的表达形式。已知两个点集 $A=\{a_1,a_2,\cdots,a_{N_a}\}$ 和 $B=\{b_1,b_2,\cdots,b_{N_b}\}$，$N_a$ 和 N_b 分别表示点集中点的个数，则这两个点集之间的 HD 定义为

$$H(A,B)=\max(h(A,B),h(B,A)) \tag{3.8}$$

其中

$$h(A,B)=\max_{a\in A}\min_{b\in B}\|a-b\|=\max_{a\in A}D(a,B) \tag{3.9}$$

$$h(B,A)=\max_{b\in B}\min_{a\in A}\|b-a\|=\max_{b\in B}D(a,B) \tag{3.10}$$

这里，$\|\cdot\|$ 是点集 A 和点集 B 间的距离范式（如 L_2 或 Euclidean 距离）。式（3.8）称为双向 Hausdorff 距离，是 Hausdorff 距离的最基本形式；式（3.9）和式（3.10）中的 $h(A,B)$ 和 $h(B,A)$ 分别称为从点集 A 到点集 B 和从点集 B 到点集 A 的单向 Hausdorff 距离，即 $h(A,B)$ 实际上首先对点集 A 中的每个点 $\{a_i\}$ 到距离此点最近的点集 B 中点 $\{b_j\}$ 之间的距离 $\|a_i-b_j\|$ 进行排序，然后取该距离中的最大值作为 $h(A,B)$ 的值，同理可得 $h(B,A)$。由定义可知，双向 Hausdorff 距离 $H(A,B)$ 度量了两个点集间的最大不匹配程度。

对于输入图像，通过形状感知得到形状特征点集合 s，形状样本集合 $\{s_i|i=1,\cdots,n\}$，其中 n 表示样本个数，定义基于 Hausdorff 距离的人脸形状相似性函数：

$$\text{sim}(s,s_i)=H(s,s_i) \tag{3.11}$$

式（3.11）度量了输入人脸形状特征点集合与形状样本库中的单个样本比较的最大不匹配程度，形状特征点的 Hausdorff 距离越小，意味着两个人脸形状之间的匹配程度越大，相似度越高。

3.4　基于半耦合核非负表达的自适应全局脸超分辨率算法

为了描述高低分辨率图像特征之间的复杂关系，大量文献[17-19]采用核方法对高低分辨率图像之间的特征关系进行建模，在核空间将输入的实际图像投影到高维的核空间中获得线性表达关系，进而获得更好的高分辨率人脸图像的重建特征[3,20]。传统的全局脸超分辨率算法将整幅图像作为整体进行处理，对于样本库图像的线性合成造成了一定的边缘模糊，为了解决这个问题，提升全局脸超分辨率算法的性能，本节采用非负矩阵分解作为全局脸表达字典。很多文献证明了非负约束更符合自然界的客观认识规律，基于非负矩阵分解的全局脸方法，在已有文献中已经证明相比主成分分析方法具有更好的局部细节表现[21]。全耦合的高低分辨率图像关系框架对于高低分辨率图像特征进行了强约束[18,22,23]，对人脸识别有利，但限制了在高低分辨率特征空间的图像重建[24-26]，因此本书采用半耦合模型对高低分辨率图像进行建模。

假设有 m 幅人脸图像 $\{x_i\}_{i=1}^m \in \Re^n$，$X=[x_1,\cdots,x_m]$。$W$ 是一个非负矩阵分解的表达基，H 表示非负表达的系数。那么定义非负矩阵分解为

$$X \approx WH, \quad \text{s.t.} \ H \geqslant 0, \quad W \geqslant 0 \tag{3.12}$$

那么对于输入的一个查询点，可以用非负表达基表示为

$$x = Wh \tag{3.13}$$

其中：x 表示输入的新的图像，h 表示非负系数。假设高分辨率样本为 I_m^h，低分辨率样本为 I_m^l，m 表示样本的个数，那么对高低分辨率图像进行分解获得不同的非负表达基：

$$I_m^h \approx W^h H^h, \quad I_m^l \approx W^l H^l$$

$$\text{s.t.} \ H^h \geqslant 0, \quad H^l \geqslant 0 \tag{3.14}$$

非负矩阵分解的算法在大量的文献都有相关的研究，这里选择常用的欧氏距离的迭代求解获得高低分辨率样本库的表达基。这样对于输入的低分辨率图像 y，可以获得其非负表达系数 $h_y=(W^l)^{-1}y$，假设在高低分辨率空间的非负矩阵分解系数具有一致性，这样高分辨率图像可以合成为

$$X_{\text{out}} = W^h h_y = W^h (W^l)^{-1} y \tag{3.15}$$

　　然而,实际情况中,高低分辨率图像的非负表达系数并不是一致的,假设从低分辨率图像表达系数到高分辨率图像表达系数之间存在这转换关系 f ,即 $h_y^h = f h_y$,这样可以利用半耦合框架对高分辨率非负表达基和低分辨率非负表达基以及高低分辨率图像之间的系数关系进行建模:

$$\{W^h, W^l, f\} = \arg \min_{W^h, W^l, f} \left(\parallel I_m^h - W^h H_h \parallel_F^2 + \parallel I_m^l - W^l H_l \parallel_F^2 + \gamma \parallel H_h - f H_l \parallel \right)$$
$$\text{s.t. } H_h \geqslant 0, \quad H_l \geqslant 0$$

$$(3.16)$$

其中:γ 为平衡因子调节非负矩阵的重建误差和特征转换误差之间的关系,对于该式的求解采用交替迭代方法,具体算法见文献[27]。

　　那么基于半耦合非负表达的超分辨率的重建过程如下。

　　第一步:利用式(3.14)训练得到高低分辨率图像非负矩阵表达基。

　　第二步:利用式(3.15)迭代训练获得半耦合后的表达基,以及非负系数之间的关系函数 f 。

　　第三步:低分辨率图像输入表达 $h_y = (W^l)^{-1} y$ 。

　　第四步:合成高分辨率图像 $X_{\text{out}} = W^h f (W^l)^{-1} y$ 。

　　基于重建的超分辨率算法假设输入图像和样本之间是线性关系,并利用线性合成进行表达,在实际情况下线性假设难以满足,非线关系更符合一般情况。将半耦合非负表达推广到核空间获得线性表达[28-30]。

　　定义核函数为 $\phi : x \in I \rightarrow \phi(x) \in F$,这样对于训练样本 I_m^l 转换到核空间为 $\phi(I_m^l)$,在核空间进行非负矩阵分解:

$$\phi(I_m^l) \approx W_\phi^l H^l \qquad (3.17)$$

　　根据核函数的定义,做如下处理:

$$(\phi(I_m^l))^T \phi(I_m^l) = (\phi(I_m^l))^T W_\phi^l H^l \qquad (3.18)$$

这样可以记 $K = (\phi(I_m^l))^T \phi(I_m^l)$, $Y = (\phi(I_m^l))^T W_\phi^l$,有

$$K = Y H^l \qquad (3.19)$$

　　这样就可以将样本转换到核空间进行表达,超分辨率合成的过程和半耦合非负表达的方法一致。

　　综上所述,将基于半耦合非负表达的自适应全局脸超分辨率算法总结如下。

算法 3.1　基于半耦合非负表达的自适应全局脸超分辨率算法

输入:低分辨率人脸图像 y,后验降质模糊参数 B。

训练阶段

步骤 1:利用人脸形状特征感知算法获得人脸形状参数,并利用人脸形状特征度量选择 N 个最邻近的样本图像。

步骤 2:利用后验图像降质模糊核参数和后验下采样矩阵对样本高分辨率图像下采样制备样本库。

步骤 3:利用本节算法获得核空间的非负表达高低分辨率字典 W^h 和 W^l 以及半耦合表达系数转换映射函数 f。

测试阶段

步骤 1:将输入的低分辨率图像 y 利用核函数转换到核空间。

步骤 2:利用低分辨率表达字典获得低分辨率表达系数 h_y。

步骤 3:利用半耦合系数转换映射函数 f 获得高分辨率表达系数。

步骤 4:利用高分辨率表达字典合成高分辨图像对应的核空间表达系数,利用预映射获得最后的输出高分辨率图像 X。

输出:目标人脸的清晰图像 X。

3.5　实验结果及分析

3.5.1　实验目的与原理

实验目的:通过仿真和实际监控视频人脸图像超分辨率实验,验证本书所提出的基于半耦合核非负表达的自适应全局人脸超分辨率算法的合理性与算法性能。

实验原理:非负矩阵分解要求所有的分量都是非负即纯加性的描述,并且具备了非线性的维数约减能力。自 Lee 和 Seung[31] 在 *Nature* 上提出非负矩阵分解算法以来,大量的心理学和生理学研究都表明非负矩阵分解的依据是对整体的感知由对组成整体的部分感知而构成,这样的解释符合直观概念,即整体是由部分组成的,因此在某种意义上刻画了事物的本质。与此同时,非负描述在一定意义上导致了稀疏性,纯加性和稀疏的描述使得对数据的解释变得方便,因此非负矩阵分解以其优良的特性,在信号处理、模式识别、计算机视觉等领域获得了广泛的应用。

在本书中,人脸虽然在光照条件不同、姿势和表情变化各异,但是人脸由固定的器官所组成,如眼睛、鼻子、眉毛、嘴巴、下巴等,这样的解释正好符合非负矩阵分解的理论依据,因此本书提出利用非负矩阵分解表达人脸具有理论上的合理性。另外,利用非负矩阵分解所获得的图像表达基和与传统的主成分分析方法获得的表达基不同,非负矩阵表达具有更好的局部性,能够克服全局脸超分辨率算法的局部表达能力不足的问题。

3.5.2　实验条件及设备

实验环境:专用监控视频模拟实验室。

实验软件环境:Windows XP 操作系统。

仿真工具:MATLAB 软件。

实验主要工具:开发的基于半耦合核非负表达的全局脸超分辨率算法。

实验硬件条件:Dell Optiplex 380 商用计算机,光照测量仪。

样本数据库:中国科学院计算技术研究所提供的 CAS-PEAL-R1[32] 人脸图像库,高分辨率图像大小为 112×96 像素,低分辨率图像在进行模糊后下采样 4 倍获得,大小为 28×24 像素。以人眼中心为基准点对全部样本进行对齐处理。这里选择 1 040 个对象的正面无表情的图像作为仿真实验的训练集和测试集。实际监控视频前处理过程与第 2 章相同,实际监控视频图像的输入大小为 28×24 像素,在输入前和样本库进行初步对齐。

实际监控视频样本:实际监控视频样本从专用实验室采集获得,视频的分辨率大小为标准 GIF 图像(352×288 像素),利用第 2 章的方法对输入视频的目标人脸图像进行处理和对齐,使得其分辨率大小和样本库的低分辨率图像保持一致。

3.5.3　测试标准及实验方法

测试标准主要分为主观图像质量测试和客观质量测试。

客观质量测试标准:峰值信噪比(PSNR),结构相似性度量(SSIM)。

光照条件:利用室内光源模拟实际监控环境图像,使用光照仪测量实际环境下的光照条件。

实验方法:为了测试自适应先验和非负表达对于全局脸超分辨率算

法的性能提升,采取仿真实验和实际实验相结合的方法进行实验测试。为了验证全局脸超分辨率算法的有效性,选取 Liu 的两步法[33]、Wang 和 Tang 的特征变换方法[2]、Huang 等的典型相关分析方法[1]、Yang 的非负矩阵分解和稀疏表达的两步法[33]作为对比算法。仿真实验随机选择样本库中的 1 000 幅人脸图像作为训练集,另外的 40 幅图像作为测试图像。实际监控视频超分辨率图像采用 4 幅人脸正面图像进行测试,由于实际超分辨率算法中没有对应的高分辨率图像,因此无法使用客观质量标准进行评价,采用主观质量标准进行评价。实验流程如图 3-7 所示。

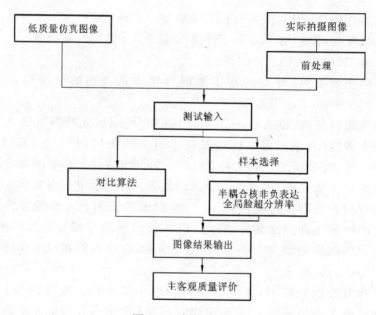

图 3-7　实验流程图

　　首先,通过仿真实验验证自适应先验在全局脸超分辨率图像重建中的作用,主要是验证样本选择对于重建的作用以及构建符合实际情况样本库的方法,实现在超分辨率重建过程中的先验自适应选择,本实验的核心工作是验证基于人脸形状相似性度量的自适应先验选择算法在超分辨率图像重建中作用。

　　然后,通过仿真实验验证半耦合核非负矩阵分解的图像表达方法在超分辨率重建中的作用,针对全局脸表达对于局部细节信息表达的不足,利用非负矩阵分解来获得人脸图像的局部表达,同时验证高低分辨率图像之间的特征转换关系,通过样本学习获得高低分辨率空间耦合表达和特征转换关系,进而提升超分辨率图像重建算法的主客观质量。本实验的核心是耦合核非负表达的求解和高低分辨率图像非负表达系数之间的非线性关系。

最后,通过实际监控视频序列图像实验验证本书提出的半耦合核空间非负表达超分辨率算法的实效性,并研究面向刑侦实际应用的人脸超分辨率算法。本实验的关键在于获得符合实际监控视频图像超分辨率最优算法参数。

3.5.4　实验数据及处理

参照实验方法,为了测试本章提出的人脸超分辨率算法的有效性,下面从三个方面进行验证,首先验证人脸的内在特征(形状特征)分类实现输入图像样本自适应选择算法的有效性;然后验证仿真条件下的本书提出的半耦合核非负表达超分辨率算法相比现有学科前沿算法的优越性,最后验证在实际监控视频中本章提出算法的主观重建质量。

3.5.4.1　基于自适应先验的全局脸超分辨率算法实验

根据前文的算法部分,这里手动标注了 200 幅人脸图像的形状点位置,每个形状语义点的模板大小选择 5×5 像素,以形状语义点为模版的中心。对比主动形状模型[11]和主动外观模型[12,13]在低分辨率的噪声环境下的形状点定位精度,利用均方根误差(RMSE)来衡量自动定位算法与人手动定位算法的标准点的差异,如表 3-2 所示,其中 σ 为加性高斯噪声的方差值,表示加入噪声的强度。

表 3-2　不同形状点定位方法的均方根误差

均方根误差	模版匹配算法	主动形状模型	主动外观模型
$\sigma = 0$	3.87	5.84	5.50
$\sigma = 0.005$	5.74	8.33	8.24

在获得了低分辨率图像的形状语义点后,对全部的 1 000 幅人脸图像利用自组织分类算法进行分类,获得形状内在特征的聚类,如表 3-3 所示,这里定义了 5 个类别,具体的分类情况如表 3-3 所示,可以看出每个聚类的中心图像差异较大,说明形状聚类算法对于样本图像具有一定的内在特征表达能力。

表 3-3   中国人脸数据库形状分类中心图像列表

类别	类别 1	类别 2	类别 3	类别 4	类别 5
数量	315	204	115	167	199
分类中心					

在获得了图像的形状分类后,利用输入形状对样本库进行选择,选择与输入图像形状一致的样本库对人脸图像进行重建和表达,为了测试自适应先验选择对于超分辨率图像重建的作用,选取形状自适应和特征变换方法进行实验,称为自适应先验特征变换方法,训练样本自适应选择与输入人脸形状特征接近的 300 幅人脸图像构成,其余的对比算法随机选取同样数量的人脸图像组成训练样本库,选择保持 95% 主成分,其余参数设置成该算法的最佳值,选取 10 幅图像作为测试图,下采样 4 倍后作为输入测试图,选取了 4 幅图像展示自适应先验算法的有效性,如图 3-8 所示。

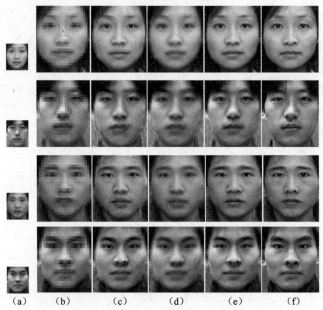

图 3-8   不同人脸超分辨率算法主观重建图像对比:
(a) 输入低分辨率图像;(b) 最邻近插值图像;(c) 特征转化方法所得图像[2];
(d) 刘策两步法所得图像[33];(e) 自适应先验特征转化方法所得图像;(f) 原始图像

图 3-9 是全部 10 幅输入人脸图像的客观重建质量 PSNR 值。

可以发现,本书提出的自适应先验对于超分辨率算法相比特征转换算法平均提升了 0.8 dB 左右,与主观图像重建质量得到的结论相符合。

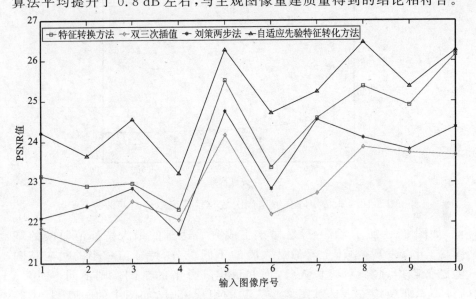

图 3-9　不同超分辨率算法的客观重建质量 PSNR 值

3.5.4.2　半耦合核非负表达超分辨率算法仿真实验

在验证了人脸形状语义特征对于超分辨率重建算法在自适应先验选择上的有效性之后,本书设计了仿真实验来验证基于半耦合核非负表达超分辨率算法的性能。采用中国人脸库的 1 000 幅人脸图像作为训练样本,利用人脸形状相似性度量选择与输入图像最相似的 500 幅人脸图像来学习非负矩阵的表达基,其余的 500 幅人脸图像用来训练获得低分辨率的非负表达系数和高分辨率表达系数之间的映射关系函数。高低图像分辨率的大小和前文中定义的一致,首先通过实验验证影响非负矩阵表达超分辨率图像重建的因素,分析非负表达相比其他算法性能提升的原因。由于非负矩阵分解利用的是迭代求解,因此迭代次数会对非负表达的精度产生影响,如图 3-10 所示,迭代次数在 1 000 次以后目标函数值的大小趋于平滑,为了获得计算开销与非负矩阵分解精度的均衡,设置迭代次数为 1 500 次。

为了比较非负矩阵表示相对于全局脸常用的主成分分析表达的基图像之间的差异,将低分辨率的训练库中的主成分最大的基转化成为图

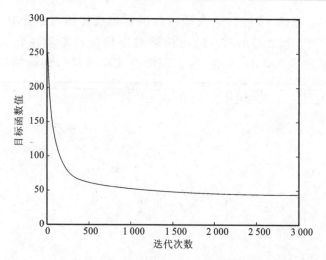

图 3-10　非负矩阵分解迭代次数与目标函数值之间的关系

像,如图 3-11 所示,第一行是样本主成分表达基的最大特征值对应的基图像,可以发现,整体上看像是人脸的不同成分,特征值越小的对应基图像越像噪声,越大的越像人脸,而非负矩阵分解的基图像则不同,如第二行所示,非负矩阵表达基图像是人脸的组成部分,如图中的眼睛、鼻子等局部器官图像。这正好说明非负矩阵表达基具有局部表达能力,对于人脸的表达是利用不同的人脸部件(对应的非负表达基图像)叠加而组成的。

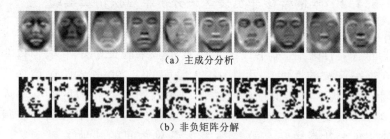

(a) 主成分分析

(b) 非负矩阵分解

图 3-11　主成分分析基图像和非负矩阵分解基图像

为了获得更为准确的图像非负表达,对于非负特征维数的选取也是一个重要参数,和基于特征转换的方法需要一个紧致的特征表达空间不一样,为了获得更精确的图像表达,非负表达基需要更多的维数参与运算,为了测试非负表达基的维数和图像表达之间的关系,这里使用低分辨率样本库中的 1 000 幅人脸进行训练,对于非负矩阵分解迭代 1 500 次获得非负表达基,测试图像是 40 幅低分辨率人脸图像,将非负矩阵分解的特征维数从 50~600 间隔 50 来测试直接用低分辨率图像表达的重建质量,y 轴表示 40 幅测试人脸的 PSNR 值的平均值,输入低分辨率人脸图像利用非负表达基重建图像与原始图像的 PSNR 值如图 3-12 所示。

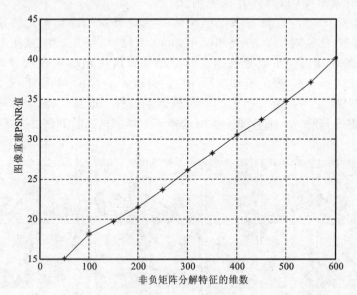

图 3-12　非负矩阵分解特征维数与图像重建 PSNR 值之间的关系

从图 3-12 可以看出,当非负矩阵表达的特征维数到达 600 时,重建的 PNSR 值达到了 40 dB 以上,说明了在 600 维特征的表达能力已经能够令人满意。

在获得了非负矩阵分解与表达的基本参数后,使用核方法对半耦合非负矩阵表达人脸超分辨率算法进行实验。具体的实验步骤按照前文中的算法流程设计进行。

第一步:对样本库高低分辨率数据进行核化。根据实际经验,选择高斯核 $k(x,y)=\exp(-\parallel x-y\parallel^2/(2\sigma^2))$,选取核的宽度参数 $\sigma=16$。

第二步:对样本数据进行非负矩阵分解迭代次数设置为 1 500 次,样本个数选择 500,利用前文公式获得初始的样本高低分辨率的不同非负表达字典。

第三步:对于剩余的 500 个样本,将初始的高低分非负字典用来获得对应的非负表达系数,并获得初始的从低分辨率到高分辨率的半耦合转换关系函数。

第四步:利用半耦合框架更新第二步和第三步的非负表达基和转换关系函数,获得更精准的表达能力和特征变换能力。

第五步:将输入的低分辨率图像核化,利用已经获得的低分辨率非负表达基和特征转换函数获得高分辨率图像的核表达方式。

第六步:对求得的高分辨率核化的表达使用预映射算法获得对应的高分辨率输出图像,具体算法见前文公式。

如图 3-13 所示,将本书提出算法的主观重建图像与对比算法的重建质量进行对比。对比算法全部使用 1000 个样本,特征转换算法和典型相关分析使用 98% 的主成分表达。典型相关分析在领域嵌入选择时 350 个最近邻点进行合成,残差补偿阶段使用的分块大小为 8×8 像素,交叠 3 个像素,杨建超非负与稀疏表达中的非负表达基选择 800 维特征,刘策两步法中也选择主成分的 800 维特征。本书选择了 6 幅测试人脸如图 3-13 所示。

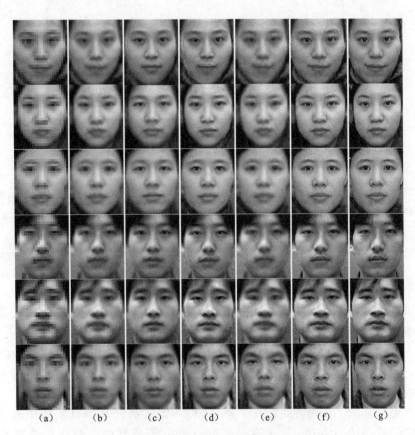

(a)　　　(b)　　　(c)　　　(d)　　　(e)　　　(f)　　　(g)

图 3-13　不同的全局脸超分辨率算法的主观重建:

(a) 输入的低分辨率图像;(b) 刘策两步法所得图像[33];

(c) 典型相关分析方法所得图像[1];(d) 特征转换方法所得图像[2];

(e) 杨建超非负表达方法所得图像[21];

(f) 本书的半耦合核非负矩阵方法所得图像;(g) 原始图像

为了测试对比算法的客观重建质量,将全部 40 幅人脸测试图像的客观 PSNR 值和 SSIM 值列表如表 3-4 所示。

表 3-4　不同的超分辨率算法 PSNR 和 SSIM 指标对比

| 算法 | 刘策两步法[33] | | 典型相关分析方法[1] | | 特征转换方法[2] | | 非负表达方法[21] | | 本书方法 | |
序号	PSNR/dB	SSIM	PSNR/dB	SSIM	PSNR/dB	SSIM	PSNR/dB	SSIM	PSNR/dB	SSIM
1	24.510	0.817	23.835	0.787	25.071	0.808	24.817	0.839	26.278	0.858
2	24.037	0.800	23.308	0.736	24.669	0.813	24.314	0.816	25.508	0.850
3	24.647	0.789	24.965	0.770	25.285	0.797	25.056	0.809	26.408	0.848
4	23.985	0.750	23.917	0.710	24.339	0.746	24.363	0.767	25.760	0.822
5	25.997	0.826	26.735	0.818	26.997	0.855	26.147	0.834	27.371	0.872
6	25.153	0.809	25.004	0.777	25.525	0.807	25.483	0.830	26.352	0.843
7	25.564	0.831	26.038	0.820	26.177	0.837	25.720	0.834	26.567	0.863
8	26.370	0.807	27.011	0.792	27.394	0.831	26.640	0.818	27.976	0.858
9	25.421	0.816	26.282	0.816	26.095	0.834	25.539	0.818	26.585	0.854
10	25.634	0.835	27.182	0.847	26.709	0.859	25.773	0.839	27.536	0.883
11	27.048	0.838	27.137	0.811	27.651	0.843	27.347	0.848	28.425	0.868
12	25.420	0.765	25.688	0.741	25.750	0.781	25.852	0.777	27.087	0.827
13	26.439	0.816	27.142	0.807	27.566	0.847	26.602	0.821	28.171	0.865
14	24.552	0.748	23.554	0.676	24.491	0.727	25.088	0.785	25.329	0.788
15	25.840	0.712	24.897	0.638	25.851	0.724	26.311	0.744	26.358	0.770
16	25.400	0.766	24.564	0.715	25.643	0.778	25.901	0.797	26.829	0.834
17	25.571	0.805	26.462	0.801	25.984	0.814	25.898	0.817	26.779	0.846
18	24.656	0.786	24.124	0.761	24.599	0.791	24.945	0.795	25.610	0.831
19	25.123	0.767	23.738	0.707	24.315	0.724	26.250	0.794	26.068	0.796
20	27.279	0.845	25.690	0.813	27.510	0.844	27.610	0.856	28.824	0.874
21	23.454	0.772	23.208	0.719	23.503	0.771	24.004	0.801	24.937	0.831
22	25.135	0.805	24.691	0.771	25.434	0.801	25.533	0.821	26.304	0.835
23	25.434	0.814	25.816	0.786	25.873	0.823	25.738	0.828	26.976	0.861
24	25.249	0.787	25.793	0.763	25.865	0.780	25.592	0.813	26.676	0.823
25	25.377	0.802	24.926	0.750	25.655	0.796	25.911	0.826	27.217	0.849
26	24.008	0.791	24.219	0.755	24.785	0.800	24.396	0.816	25.571	0.839
27	22.809	0.739	22.700	0.690	22.668	0.724	23.355	0.749	23.907	0.783

算法	刘策两步法[33]		典型相关分析方法[1]		特征转换方法[2]		非负表达方法[21]		本书方法	
序号	PSNR/dB	SSIM	PSNR/dB	SSIM	PSNR/dB	SSIM	PSNR/dB	SSIM	PSNR/dB	SSIM
28	25.178	0.792	25.236	0.756	25.009	0.786	25.526	0.810	26.141	0.835
29	25.524	0.839	25.901	0.817	26.230	0.855	25.785	0.848	27.227	0.887
30	25.730	0.816	26.288	0.803	26.543	0.822	25.990	0.827	27.492	0.862
31	26.514	0.858	27.799	0.848	28.015	0.874	26.721	0.869	28.362	0.894
32	26.526	0.832	26.322	0.811	26.547	0.824	26.891	0.843	27.205	0.851
33	26.545	0.833	27.592	0.828	28.348	0.865	26.751	0.842	28.852	0.878
34	24.437	0.788	25.007	0.772	24.706	0.797	24.763	0.800	25.598	0.835
35	24.005	0.781	24.205	0.764	24.899	0.804	24.343	0.792	25.560	0.832
36	25.296	0.801	26.200	0.793	26.651	0.824	25.442	0.805	27.071	0.848
37	27.225	0.853	27.767	0.828	29.314	0.887	26.861	0.831	29.371	0.885
38	26.770	0.857	28.354	0.862	28.732	0.898	26.487	0.848	28.969	0.905
39	27.678	0.855	28.611	0.842	29.253	0.877	27.334	0.840	29.569	0.901
40	26.583	0.866	28.695	0.879	29.093	0.904	26.363	0.858	29.487	0.916
平均	25.453	0.805	25.665	0.779	26.119	0.814	25.736	0.818	26.958	0.850

从表 3-4 中可以看出，相比学科前沿算法[21]本书全局脸算法 PSNR 提升了 1.22 dB，SSIM 提升了 0.032；相比特征转换算法[2] PSNR 提升了 0.80 dB；相比刘策两步法[33] PSNR 提升了 1.5 dB，SSIM 提升了 0.045；相比典型相关分析方法[1] PSNR 提升了 1.29 dB，SSIM 提升了 0.071，典型相关分析方法之所以 PSNR 较低，是因为在局部线性嵌入环节所选择的人脸样本个数较少，但是从主观上看，该方法重建图像的边缘比较清晰，相比其他方法的边缘过拟合现象有较大改进。

3.5.4.3 实际监控视频实验

为了测试本书算法对于实际监控视频人脸图像的有效性，截取了低分辨率模拟监控视频人脸图像如图 3-14 所示。

从图 3-14 中可以看出，对比刘策两步法和杨建超的非负表达方法，本书提出的算法具有更多的高频细节信息，这是由于前两种方法将输入的低分辨率图像插值后进行重建，生产的图像趋于平滑，且无法克服输入图像的噪声，缺乏足够的高频信息。相比典型相关分析方法，可以看

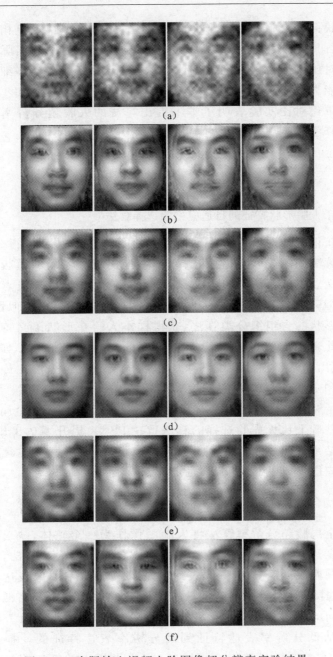

图 3-14　实际输入视频人脸图像超分辨率实验结果：
(a) 输入图像的实际监控图像；(b) 特征转换方法所得结果[2]；(c) 刘策两步法所得结果[33]；
(d) 典型相关分析方法所得结果[1]；(e) 杨建超非负表达方法所得结果[21]；
(f) 本书提出的核空间半耦合非负表达方法所得结果

出该算法获得的人脸图像趋于平滑，边缘部分的过拟合现象相对其他算法较轻，然而该算法的图像看起来更趋向于全局脸而并非实际的高分辨率人脸。对比特征转换全局脸方法，本书提出的算法在具体细节上有更好的表现能力，这一现象与非负矩阵表达的理论分析一致。图 3-14 中的主观图像重建对比实验表明了本书提出算法的人脸超分辨率图像相比其他对比算法具有更好的性能。

3.5.5　实验结论

1) 基于人脸形状特征的自适应先验选择算法

为了获得图像对噪声鲁棒的内在特征并对内在特征进行分类，实现超分辨率算法中的先验自适应选择，本书提出了基于局部模版约束的人脸形状语义点感知算法，实现在噪声条件下的人脸形状语义点的自动化定位，在此基础上提出了基于人脸形状的 Hausdorff 距离相似性度量，并实现人脸形状的自组织分类算法，获得样本人脸在形状语义特征空间的聚类。在此基础上实现了人脸超分辨率的先验选择框架。如表 3-2 所示，本书提出的基于模版匹配约束的形状语义点定位方法比传统的主动形状模型和主动外观模型的精度有所提升，在轻度噪声环境下，均方根误差降低了 2.5 左右。使用该先验选择框架在特征转换的全局脸超分辨率算法的基础上比无先验选择的算法重建 PSNR 提升了 0.8 dB 左右，主客观实验结果表明本书提出的形状先验对于超分辨率重建具有较好的先验自适应能力，证明了先验自适应算法的有效性。

2) 半耦合核非负表达超分辨率算法

现有全局脸超分辨率算法将人脸图像作为一个整体，缺乏对人脸局部信息的表达能力。本书提出了一种半耦合核非负表达算法，将人脸超分辨率问题看成低分辨率图像表达特征向高分辨率图像表达特征的转换过程，这样需要同时获得高低分辨率图像的表达基以及高低分辨率表达系数之间的映射关系，相比完全耦合的学习算法，半耦合方法更灵活地实现了从低分辨率表达特征到高分辨率表达特征的变换过程。如图 3-13所示，相比学科前沿全局脸算法，本书提出的算法明显具有更好的重建主观效果，特别是利用了核方法后，对于图像的局部细节表达能力相比传统算法有明显的提升，注意到重建人脸图像的嘴角与眼睛部位，相比特征转换算法和非负矩阵表达算法有明显的提升，典型相关分析方法获得的人脸图像比较平滑,但是不难看出该算法重建图像缺乏细节信息。相比杨建超的学科前沿算法主观重建质量 PSNR 提升了 1.22 dB,SSIM 提升了 0.032,相比传统的特征变换方法,PSNR 提升了 0.8 dB,SSIM 提升了 0.036,相比典型相关分析法,PSNR 提升了 1.29 dB,SSIM 提升了 0.071,相比刘策两步法,PSNR 提升了 1.5 dB,SSIM 提升了 0.045。可以看出本书提出的半耦合核非负表达算法具有良好的主客观算法性能表现,证明本书所提出算法的有效性与合理性。

3) 实际监控图像超分辨率重建

实际拍摄的低质量人脸图像的实验结果(图 3-14)表明,在低照度拍摄环境下,经过亮度、对比度等前处理后,本书提出的超分辨率算法相比对比算法在主观质量上有所提升。

参 考 文 献

[1] HUNAG H,HE H,FAN X,et al. Super-resolution of human face image using canonical correlation analysis[J]. Pattern Recognition,2010,43(7):2532-2543.

[2] WANG X,TANG X. Hallucinating face by eigentransform[J]. IEEE Transactions on Systems,Man, and Cybernetics—part C:Applications and Reviews,2005,35(3):425-434.

[3] ZOU W W W,YUEN P C. Very low resolution face recognition problem[J]. IEEE Transactions on Image Processing,2012,21(1):327-340.

[4] 浦剑,张军平,黄华. 超分辨率算法研究综述[J]. 山东大学学报(工学版),2009,39(1):1-7.

[5] ELAD M,DATSENKO D. Example-based regularization deployed to super-resolution reconstruction of a single image[J]. The Computer Journal,2007,52(1):15-30.

[6] 黄华,樊鑫,齐春,等. 基于识别的凸集投影人脸图像超分辨率重建[J]. 计算机研究与发展,2005,42 (10):1718-1725.

[7] 黄丽,庄越挺,苏从勇,等. 基于多尺度和多方向特征的人脸超分辨率算法[J]. 计算机辅助设计与图形学学报,2004,16(7):953-961.

[8] CRISTÓBAL G,GIL E,ŠROUBEK F,et al. Superresolution imaging:A survey of current techniques [J]. Advanced Signal Processing Algorithms, Architectures, and Implementations. In XVIII. Proceedings of the SPIE,2008:36,70740C-1-70740C-18.

[9] LAN C D,HU R M,HUANG K B,et al. Face hallucination with shape parameters projection constraint[C]. ACM Multimedia 2010(ACM-MM),2010:883-886.

[10] LI H,XU L,LIU G. Face hallucination via similarity constraints[J]. IEEE Signal Processing Letters,2013,20(1):19-22.

[11] COOTES T F,TAYLOR C J,COOPER D H,et al. Active shape models—Their training and application[J]. Computer Vision and Image Understanding,1995,61(1):38-59.

[12] 杜杨洲.基于统计学习的人脸图像合成方法研究[D].北京:清华大学博士学位论文,2004:49-69.

[13] 柴秀娟,山世光,高文,等.基于样例学习的面部特征自动标定算法[J].软件学报,2005,16(5): 718-726.

[14] NELDER J A,MEAD R. A simplex method for function minimization[J]. Computer Journal,1965, 7:308-313.

[15] TROPP J A,WRIGHT S J. Computational methods for sparse solution of linear inverse problems [C]. Proceedings of IEEE,SIACSSR,2010:948-958.

[16] EFRON B,HASTIE T,JOHNSTONE I,et al. Least angle regression[J]. The Annals of Statistics, 2004,32(2):407-499.

[17] HUA H,HUITING H. Super-resolution method for face recognition using nonlinear mappings on coherent features[J]. IEEE Transactions on Neural Networks,2011,22(1):121-130.

[18] LI X,XIA Q,ZHUO L,et al. A face hallucination algorithm via KPLS-eigentransformation model [C]. 2012 IEEE International Conference on Signal Processing,Communication and Computing (ICSPCC),2012:462-467.

[19] REN C X,DAI D Q,YAN H. Coupled kernel embedding for low-resolution face image recognition [J]. IEEE Transactions on Image Processing,2012,21(8):3770-3783.

[20] HENNINGS-YEOMANS P H, KUMAR B V K V, BAKER S. Robust low-resolution face identification and verification using high-resolution features[C]. The 16th IEEE International Conference on Image Processing(ICIP),2009:33-36.

[21] YANG J C,WRIGHT J,HUANG T,et al. Image super-resolution as sparse representation of raw image patches[C]. IEEE Conference on Computer Vision and Pattern Recognition,2008:1-8.

[22] LI B, CHANG H, SHAN S, et al. Hallucinating facial images and features[C]. The 19th International Conference on Pattern Recognition,2008:1-4.

[23] LI B,CHANG H,SHAN S,et al. Low-resolution face recognition via coupled locality preserving mappings[J]. IEEE Signal Processing Letters,2010,17(1):20-23.

[24] WAN Z, MIAO Z. Feature-based super-resolution for face recognition[C]. IEEE International Conference on Multimedia and Expo,2008:1569-1572.

[25] WANG Y K,HUANG C R. Face image super-resolution using two-dimensional locality preserving projection[C]. The Fifth International Conference on Intelligent Information Hiding and Multimedia Signal Processing,2009:1034-1037.

[26] SANGUANSAT P. Face hallucination using bilateral-projection-based two-dimensional principal component analysis[C]. International Conference on Computer and Electrical Engineering,2008: 876-880.

[27] WANG S L,ZHANG L,LIANG Y,et al. Semi-coupled dictionary learning with applications to image super-resolution and photo-sketch synthesis[C]. IEEE Conference on Computer Vision and Pattern Recognition,2012:2216-2223.

[28] ZOU W W W,YUEN P C. Learning the relationship between high and low resolution images in kernel space for face super resolution[C]. The 20th International Conference on Pattern Recognition,2010:1152-1155.

[29] ZHOU F,WANG B,LIAO Q. Super-resolution for face image by bilateral patches[J]. Electronics

Letters,2012,48(18):1125-1126.

[30] JIANG J J,HU R M,HAN Z,et al. A super-resolution method for low-quality face image through RBF-PLS regression and neighbor embedding[C]. IEEE International Conference on Acoustics, Speech and Signal Processing,2012:1253-1256.

[31] LEE D D,SEUNG H S. Learning the parts of objects by non-negative matrix factorization[J]. Nature,1999,401(6755):788-791.

[32] GAO W,CAO B,SHAN S G,et al. The CAS-PEAL large-scale Chinese face database and baseline evaluations[J]. IEEE Transactions on Systems, Man, and Cybernetics—Part A:Systems and Humans,2008,38(1):149-161.

[33] LIU C,SHUM H Y,ZHANG C S. A two-step approach to hallucination faces:Global Parametric model and Local Nonparametric model[C]. Proceedings of IEEE Conference of Computer Vision and Pattern Recognition,2001:723-728.

第 4 章　基于主成分稀疏表达的自适应局部脸超分辨率算法

本章介绍在实际监控视频人脸局部脸超分辨率算法中存在的理论问题与技术瓶颈。针对这些问题引入主成分稀疏表达模型,利用主成分稀疏表达方法获得输入图像块的内在特征表达,揭示主成分稀疏方法对于噪声鲁棒的原理。首先,对样本库的图像块进行线性表达聚类,实现先验自适应选择机制。然后,利用样本库获得主成分表达字典,对主成分表达系数进行稀疏约束,选择与输入图像块最相关的主成分进行表达,实现对输入图像块内在特征与噪声的分离。最后,在高低分辨率图像特征表达空间学习耦合关系映射函数,实现低分辨率特征到高分辨率特征的转化,进而获得更好的人脸主客观重建质量。

实验表明,本书提出的自适应主成分稀疏表达局部脸算法,相比学科前沿算法,在重建图像的主观和客观质量方面均有提升,特别是在实际降质干扰环境下,能够重建出令人满意的主观图像。初步解决在实际超分辨算法在较强降质干扰条件下的人脸图像高质量重建问题。

4.1　引言

基于流形学习的局部脸超分辨率算法假设高低分辨率流形空间保持一致,保持输入低分辨率图像在低分辨率样本空间的线性合成权重在高分辨率样本空间合成,这里有一个前提:输入图像能够被样本空间准确表达。然而在实际情况下,监控图像中包含噪声和模糊对像素域的干扰,影响了输入样本的准确表达,从而导致针对实际监控人脸图像的重建质量急剧下降。为了验证在噪声等因素的干扰条件下现有局部脸超分辨率算法的性能指标,本章采用目前文献[1]中的自适应稀疏域选择算法来验证噪声环境下现有超分辨率算法的性能。使用 CAS-PEAL-R1 数据库中的 1 000 幅正面无表情人脸图像为训练样本,随机选取 10 幅人脸图像作为输入测试样本,实验条件为高分辨图像,大小为 112×96 像素,超分辨率增强倍数为 4,低分辨率样本为高分辨图像经过高斯模糊和下采样后的版本,输入图像的模糊与下采样过程与低分辨率样本制备参数一致,加入高斯加性噪声,其均值为 0,方差从 0~0.002 取值,将全部测试样本的 PSNR 均值作为纵轴,如图 4-1 所示,表示在不同噪声条件下,文献[1]的重建客观质量与噪声之间的变化关系。

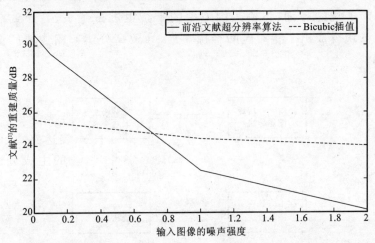

图 4-1　前沿超分辨率算法重建客观质量随输入噪声的增强而降低

图 4-1 表明,在仿真条件下,输入图像的噪声水平越大,高分辨率合成图像的客观重建质量越差,其性能表现甚至低于 Bicubic 插值方法。通过流形理论分析可以得出这样的结论:在实际监控环境中,输入图像的噪声影响了低分辨率空间的合成精度,在低分辨率表达中存在的干扰成分在高分辨率空间也合成出了相对应的干扰成分。为了解决这个问题,本章提出利用块位置主成分稀疏表达的方法获得在输入图像噪声条件下的精确表达,在此基础上,获得高低分辨率图像表达系数的回归关系,增强超分辨率算法对于实际监控视频图像的实效性。

为了解决在实际噪声条件下,输入图像块受噪声等干扰影响而导致合成系数不精确的问题,本章提出了在自适应选择图像块先验的前提下,利用图像位置块的主成分稀疏表达,获取输入图像块的内在结构特征,选择对噪声鲁棒的主成分获得输入图像的精确表达,提升现有局部脸超分辨算法在强干扰环境下的重建质量。

4.2　方法比较

局部脸超分辨率算法将低分辨率输入图像在对应分辨率的样本空间进行表达,并将表达系数保持到高分辨率的样本空间生成高分辨率图像块输出(图 4-2)。在实际监控视频环境中,输入的低质量人脸图像受噪声的干扰,现有的局部脸图像块表达无法区分输入图像中的正常像素值和噪声干扰的区别,将输入图像中的干扰也进行了表达,导致在高分辨率图像块合成出了相对应的干扰噪声,导致高分辨率图像块的重建质量降低。

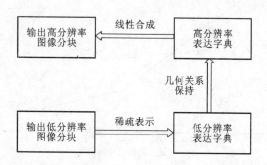

图 4-2　基于稀疏表达的超分辨率方法框架

学科前沿的局部脸超分辨率算法首先在进行超分辨率重建过程中有一个假设:一低分辨率的图像能够准确被低分辨率表达字典所表达,即重建[2,3]。然而,在实际监控环境中,低分辨率图像被实际噪声所干扰,直接利用前沿稀疏表示基并不能分离输入图像中的噪声和正常像素值对于重建的不同影响,导致低分辨率表达字典表达含有噪声的输入图像过程中将噪声也进行了合成,导致高分辨率图像块的重建效果不理想。为了克服这个问题,本节提出基于主成分基表示的字典学习方法(图 4-3),利用主成分分析分离输入样本图像中正常图像和噪声对重建图像的影响,利用稀疏约束获得输入图像的内在结构特征,并利用最小二乘回归分析获得高低分辨率样本表达系数之间的关系,进而提升超分辨率图像重建的实效性。

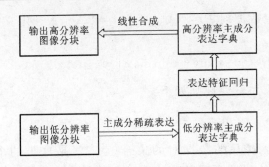

图 4-3　基于主成分稀疏表达的局部脸超分辨率方法

经过研究与分析,本书将现有局部脸超分辨率算法的原理、模型等要素与本章所提出的方法进行了对比,如表 4-1 所示。该表说明本节所提出的局部脸方法与学科前沿算法各方面的差异。

表 4-1　现有局部脸算法与本书提出的局部脸算法比较

	现有局部脸算法	本节方法
原理	根据高低分辨率的图像块的几何结构相似性,直接映射系数重建	利用噪声鲁棒的表达基获得图像块的表达系数,同时建立高低分辨率系数之间的回归关系
模型	基于稀疏表示模型	基于主成分稀疏表示模型
技术方法	在低维原子库稀疏表示输入低分辨率分块,将合成系数映射到高维原子库,线性合成待复原的高分辨率块	利用对实际噪声鲁棒的主成分稀疏原子库,通过高低分辨率合成系数之间的映射关系进行高分辨率块的线性合成
对象	低分辨率图像的重建	监控噪声图像的超分辨率重建
预期效果	对监控图像重建效果差	对监控图像仍然具有较好重建效果

4.3　基于线性表达的分块聚类方法

图像的线性表达是超分辨率的一个基础工具[7-9],在局部脸算法中,为了获得更好的线性表达能力,本节利用基于线性表达的分块聚类方法对样本图像块进行聚类,实现对样本先验的自适应选择。

线性聚类是为了保证图像块局部表达的线性关系。线性聚类方法对样本的特征进行了前处理和聚类,可以根据输入图像块选择最适用的

先验知识。给定数据对 $P=\{(x^i,y^i)\}, i=1,\cdots,N$。定义数据对 P 的线性关系为

$$L(P)=\exp(-\min_{A,b}\max_{x^i}\| y^i-(Ax^i+b) \|^2) \tag{4.1}$$

这里使用最大聚类规则如下：

$$\bar{C}=\arg\max_{C}\frac{1}{\#\mid C\mid}\sum_{P\in C}L(P)\text{s. t.}\#\mid C\mid\leqslant K \tag{4.2}$$

其中：C 是表示聚类后的数据对的集合；$\#\mid C\mid$ 是聚类的个数；K 是聚类个数的最大值，从机器学习的观点看，K 用来防止过学习问题。式(4.1)中涉及的参数 A、b 在聚类前是未知的，这个公式是个病态问题的 NP 问题，定义多元实值函数 $f(x_i)=y_i$，这里 x_i 和 y_i 分别对应高低分辨率图像块，这里 x 用来表示数据对(x^i,y^i)的位置，$\nabla f(x)$ 表示数据对的梯度，可以证明如果数据对 P 具有相似的位置与梯度，那么 P 具有更好的线性关系。令 $z_i=(\lambda_1 x^i,\lambda_2 f(x^i))$，其中 λ_1 和 λ_2 是位置和梯度的平衡系数。式(4.2)可以改写为

$$\bar{C}=\arg\max_{C}\frac{1}{\#\mid C\mid}\| z_i-\bar{z}_P \|^2 \tag{4.3}$$

其中：$\bar{z}_P$ 是 P 的聚类中心。采用迭代方式求解获得式(4.3)的解。

聚类算法步骤如下。

第一步：对每个样本库的数据对，计算样本对的梯度，设定迭代终止参数 ε，平滑参数 λ_1 和 λ_2，聚类数 K。

第二步：随机选择聚类中心$\{\bar{z}_P^{(0)}\mid P=P_1,\cdots,P_K\}$，迭代更新聚类中心，直到满足条件$\max_P\| z_P^{(n)}-z_P^{(n-1)} \|<\varepsilon$。

第三步：融合聚类，输入聚类结构$\{\bar{z}_P^{(n)}\mid P=P_1,\cdots,P_{K'}\}$。

4.4　基于主成分稀疏表达的自适应局部脸超分辨率算法流程

4.4.1　主成分稀疏表达模型

令 x_i 和 y_i 是高分辨率样本库和低分辨率样本块，对于输入的每个样本块，计算低分辨率图像的合成系数如下：

$$y_i = \sum_{j=1}^{k} w_i y_j + \varepsilon \qquad (4.4)$$

其中:w_i 表示合成权重,y_j 表示输入样本块的在同一个聚类中的 k 个样本块。为了获得合成权重系数,建立目标函数如下:

$$w_i = \arg\min_{w_i} \| y_i - \sum_{j=1}^{k} w_i y_j \|^2 \qquad (4.5)$$

利用最小二乘法可以获得权重 w_i 的值。那么合成高分辨率图像块为

$$x_i \approx \sum_{j=1}^{k} w_i x_j \qquad (4.6)$$

这样可以选择图像块作为样本表达基,从稀疏编码的理论来讲,如果要使合成系数 w_i 稀疏,必须满足图像块表达字典是过完备的。很多研究者使用了不同的表达基,如直接利用图像块或者是小波基等数学工具[10],有的使用主成分分析基来表达。为了使表达系数稀疏,需要构建数量较大的存在冗余的过完备字典。为了对输入的图像块中的正常信息内容和噪声进行区分,实现根据输入图像的内容选择相关度高的表达基,本书选择主成分基作为表达字典,获得对输入图像噪声的鲁棒能力。这样图像的表达系数为

$$\tilde{\alpha} = \arg\min(\| y - E_l \alpha \|_2^2 + \lambda | \alpha |_1) \qquad (4.7)$$

其中:y 是输入图像块;E_l 是主成分分解的特征向量;α 是稀疏的主成分系数;λ 是平衡因子,主要用来调节主成分表达的准确程度与表达系数的稀疏程度。这是一个 $l_1 - l_2$ 范式优化问题,具体方法参考相关文献。

4.4.2　基于主成分稀疏表达的超分辨率算法

由于高低分辨率空间的主成分表达基并不具有严格的对应关系,所以直接将输入低分辨率图像的表达系数推广到高分辨率空间进行合成所得到的高分辨率图像会导致新的重建误差。为了解决这个问题,王小刚等提出了特征转换的方法,把主成分系数转换到高低分辨率的样本空间合成系数上,由于低分辨率图像是由高分辨率图像所生成的,它们之间具有良好的一致性,因此这里将主成分特征转换到样本合成空间中。

$$c = V_l \Lambda_l^{-\frac{1}{2}} \alpha \qquad (4.8)$$

其中:c 是样本空间的合成系数,V 和 Λ 分别是主成分分解的特征向量和对角矩阵,这样可以获得高低分辨率样本空间的不同表达系数。为了获

得更准确的高低分辨率图像空间的表达系数，定义特征转换矩阵 R，用高低分辨率样本表达建立回归关系如下：

$$\sum_{i=1}^{M} \parallel c_i^h - Rc_i^l \parallel_2^2 = \parallel (C^h)^{\mathrm{T}} - (C^l)^{\mathrm{T}} R^{\mathrm{T}} \parallel_F \tag{4.9}$$

其中：特征变换矩阵可以利用最小二乘回归获得。这样重建高分辨图像的过程如下。

第一步：利用式(4.7)获得图像的稀疏表达系数。

第二步：利用式(4.8)将图像主成分稀疏表达系数投影到特征一致空间。

第三步：利用式(4.9)建立低分辨率图像系数到高分辨率图像系数的转换矩阵。

第四步：利用式(4.6)合成高分辨率图像块。

第五步：将输入的每个图像块所对应的高分辨率图像块合成高分辨率输入图像。

综上所述，将基于主成分稀疏表达的自适应局部脸超分辨率算法总结如下。

算法 4.1　基于主成分稀疏表达的自适应局部脸超分辨率算法

输入：低分辨率人脸图像 y，后验降质模糊参数 B。

训练阶段

步骤 1：利用后验图像降质模糊核参数和后验下采样矩阵对样本高分辨率图像下采样制备样本库。

步骤 2：利用基于线性表达的分块聚类算法获得分块对应的高低分辨率样本集合。

步骤 3：利用 4.2 节算法获得低分辨率样本块的主成分表达基 E_l 和高低分辨率系数转换函数 R。

测试阶段

步骤 1：将输入的低分辨率图像 y 进行分块处理。

步骤 2：利用主成分稀疏约束获得主成分空间的特征表达系数。

步骤 3：将主成分稀疏系数转到样本空间表达系数，并利用特征转换函数 λ 获得高分辨率合成系数。

步骤 4：利用高分辨率样本库和表达系数合成高分辨率图像块，拼合全部图像分块，输出高分辨率人脸图像 X。

输出：目标人脸的清晰图像 X。

4.5　实验结果及分析

4.5.1　实验目的与原理

实验目的:验证所提出的基于主成分稀疏表达的自适应局部脸超分辨率算法的有效性与对实际监控图像的实用性。实验主要在仿真数据集上进行和在实际监控图像输入测试条件下进行。

实验原理:稀疏编码是近年来在信息处理领域最新的研究成果。与传统的基于矢量量化的信号表达方法不同,传统的矢量量化技术在获取表达字典要求表达基的空间中是正交的,这样获得的表达稀疏是紧致的表达。而稀疏表达则对于构建字典不要求是正交的,而要求这些表达基是过完备的,而这些过完备的表达字典使得只有少数的表达基能够对于信号的表达起作用,而大部分的表达稀疏为零。近年来的生理学领域的研究也证明稀疏编码是模拟哺乳动物视觉系统主视皮层 V_1 区简单细胞感受野的人工神经网络方法。该方法具有空间的局部性、方向性和频域的带通性,是一种自适应的图像统计方法。稀疏编码因为其优异的性能广泛应用在计算机视觉、模式识别、盲源信号分离等领域。本书利用稀疏约束图像表达的主成分系数,根据输入图像的噪声水平,自适应地选择主成分表达系数,对输入干扰图像进行信噪分离,从而提升基于局部块方法的超分辨率重建对噪声的鲁棒性,提升实际监控视频图像处理的实用性和有效性。

4.5.2　实验条件及设备

实验环境、实验软件环境同第 3 章实验。

实验主要工具:基于主成分稀疏表达的局部脸超分辨率算法。

实验硬件条件:HP 2360 服务器(4 核 3.0 GB CPU,8 GB 内存),光照测量仪。

样本数据库如下。

样本库 1:中国科学院计算技术研究所提供的 CAS-PEAL-R1 人脸库,高分辨率图像大小为 112×96 像素,低分辨率图像在进行模糊后下采样 4 倍获得,大小为 28×24 像素。以人眼中心为基准点对全部样本进行对齐处理。选择 1 040 个对象的正面无表情图像作为仿真实验的训练集和测试集。实际监控视频前处理过程与第 2 章相同,实际监控视频图像的输入大小为 28×24 像素,在输入前和样本库进行初步对齐。

样本库 2:巴西圣保罗人工智能实验的巴西人脸数据库 FEI,该数据包含 200 个对象,其中每个对象 14 幅人脸图像,总共 2 800 幅人脸图像,选取每人正面无表情和微笑表情两幅人脸 400 幅图像作为实验数据。人脸图像大小 100×120 像素,下采样倍数为 4,在该数据库上只进行仿真实验,原因在于该数据库人脸图像和实际监控图像人脸的种族不一致。

4.5.3　测试标准及实验方法

测试标准主要分为主观图像质量测试和客观图像质量测试。

客观图像质量测试标准:峰值信噪比(PSNR)、结构相似性度量(SSIM)。

实验方法:为了测试自适应主成分稀疏表达对于局部脸超分辨率算法的性能提升,本节采取仿真实验和实际实验相结合的方法进行实验测试。为了验证本书所提出超分辨率算法的性能,选取目前在局部脸超分辨率领域最前沿算法进行比较,Ma 等的块位置超分辨率算法[2]、Chang 等的局部线性嵌入方法[3]、Jung 等的块位置稀疏约束方法[4]、Yang 等的稀疏表达超分辨率算法[5]作为对比算法。仿真实验选随机选择样本库中的 1 000 幅人脸图像作为训练集,另外的 40 幅图像作为测试图像。实际监控视频超分辨率图像采用 4 幅正面人脸图像进行测试,由于实际超分辨率中没有对应的高分辨率图像,因此无法使用客观质量进行评价,采用主观质量标准进行评价。实验过程如图 4-4 所示。

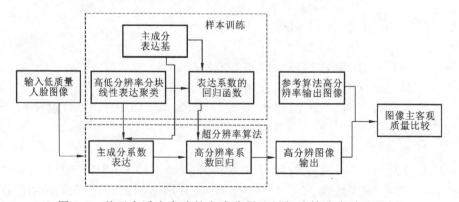

图 4-4　基于自适应先验的主成分稀疏局部脸算法实验流程图

　　主要实验分为两部分：

　　第一部分,通过仿真实验验证基于主成分稀疏表示的局部脸超分辨率算法对输入噪声图像的鲁棒性。本实验的核心内容是主成分稀疏约束的求解与表示。通过仿真实验验证高低分辨率主成分稀疏表达系数之间的回归模型对提升高低流形一致性的影响机理,针对局部脸表达对于输入噪声抑制能力的不足问题,利用主成分稀疏表达建立低分辨率特征到高分辨率特征之间的对应关系。

　　第二步,通过实际监控图像验证本书提出的鲁棒性局部脸超分辨率算法的有效性与实用性。整合图像分块先验选择,图像主成分稀疏表达、高低流形一致回归模型三个技术特点,构建本章的核心创新实验,验证在实际监控条件下的人脸超分辨率算法的实用性。

4.5.4　实验数据及处理

　　参照实验方法,本节从两个方面验证本书提出的人脸超分辨率算法的有效性,首先,在对样本图像进行线性表达聚类后,利用输入图像对应类别的样本先验进行主成分字典学习,在获得了主成分表达字典后,利用主成分稀疏约束对输入的噪声图像进行约束与表达,获得表达输入图像的内在特征,在获得了输入图像的内在特征后,将这些特征转换到具有更好一致性表达的样本空间进行合成;为了进一步获得更好的重建质量,利用构建的高低分辨率重建系数之间的回归模型获得输入低分辨率图像对应的高分辨率图像块,进而重建出对应的高分辨率图像。最后,使用实际监控人脸图像测试本算法的实际性能。

4.5.4.1　主成分稀疏表达的仿真实验

　　为了验证在仿真条件下本书算法的有效性,将算法在两个不同的数据库上进行仿真实验。如图 4-5 所示,使用中国人脸库进行在无噪声条件下的重建质量图。

　　从图 4-5 中可以发现,当输入测试图像中没有噪声时,本书提出的算法和稀疏表达算法的重建质量相当。与此同时,基于位置块的局部脸方法所获得的重建质量相比全局脸算法要更好。

　　局部脸算法的参数设置是输入低分辨率图像大小为 28×24 像素,放大倍数为 4,低分辨率图像的块大小为 8×8 像素,交叠 6 个像素。训练

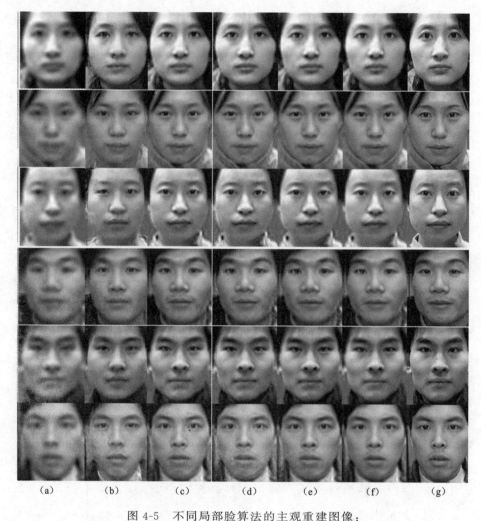

| (a) | (b) | (c) | (d) | (e) | (f) | (g) |

图 4-5 不同局部脸算法的主观重建图像:

(a) 输入的低分辨率图像;(b) LLE 算法重建结果;(c) 基于位置块算法的重建结果;
(d) 位置块稀疏约束的重建结果;(e) 稀疏表达的重建结果;(f) 本书算法的重建结果;(g) 原始图像

样本库取 1 000 幅人脸图像,LLE 算法的最近邻块个数选择 20,基于位置块中取全部训练样本库的位置块,也就是每个位置块有 1 000 个,位置块稀疏约束的稀疏调节系数 $\lambda = 0.001$,稀疏表达方法的稀疏系数 $\beta = 0.1$,本算法的块大小和个数与对比算法一致,稀疏调节系数 $\lambda = 0.003$,在主成分分解中保留 99% 的主成分,可以从图中发现 LLE 算法重建的主观质量较差,基于块位置的方法和稀疏表达方法与本书重建获得的主观质量比较接近,本书提出的算法在局部细节上更丰富。

为了验证本书提出算法在噪声条件下的性能,在巴西人脸数据库上进行了噪声条件下的仿真实验。实验的对比算法为:对噪声鲁棒的特征转换全局脸算法、LLE 局部脸算法、块位置算法、块位置稀疏约束算法,随机选择样本库中的 360 幅人脸图像作为训练样本,剩余的 40 幅图像作为测试样本。如图 4-6 所示,选取 1 幅测试图像在三种噪声条件下的重建图像,可以看出在噪声强度较小的情况下,局部脸算法获得的图像重建质量比较理想,而且比全局脸算法获得的重建图像具有更好的细节信息。然而,随着噪声强度的增大,对比算法中的局部脸算法的重建质量显著下降,甚至比全局脸算法更差,本书提出的算法对于噪声具有较好的鲁棒性,在中度噪声条件下仍然能够获得较好的重建质量。

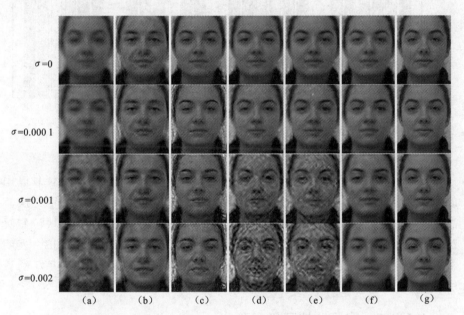

图 4-6　在高斯噪声条件下的不同人脸超分辨率算法主观重建质量图:
(a) 双三次插值重建结果;(b) 特征脸转换方法重建结果;(c) LLE 算法重建结果;
(d) 位置块算法重建结果;(e) 位置块稀疏算法重建结果;(f) 本书算法重建结果;
(g) 原始图像;σ 表示输入图像的高斯噪声方差

其中,全局脸算法主成分保持 98%,局部脸算法的块大小为 8×8 像素,交叠 6 个像素,LLE 算法选择 10 个近邻进行合成,块位置法选取全部样本块,其余算法的参数取值与图 4-5 实验相同,本书稀疏调节因子 $\lambda = 0.03$。将全部 40 个测试样本的 PSNR 值进行平均,对比不同算法的客观重建质量的 PSNR 均值，结果如图 4-7 所示。

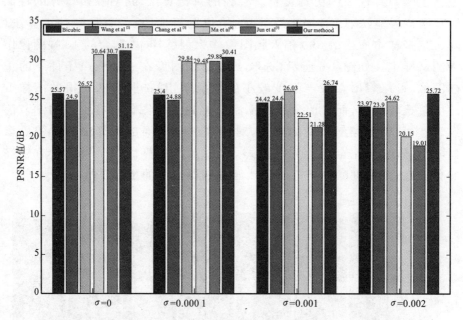

图 4-7　高斯噪声条件下的不同人脸超分辨率算法的 PSNR 值
（σ 表示高斯噪声的标准差）

从图 4-7 中可以看出，在噪声方差为 σ＝0.002 的条件下，本书提出的算法相比双三次插值 PSNR 提升了 1.75 dB，对比全局脸特征变换算法[1] PSNR 提升了 1.82 dB，比 LLE 算法 PSNR 提升了 1.1 dB，比块位置算法 PSNR 提升了 5.57 dB，比块位置稀疏算法 PSNR 提升了 6.71 dB。表明在噪声条件下，相比前沿算法，本书提出的超分辨率算法具有更好的算法性能。

4.5.4.2　实际监控环境实验

为了验证本算法对实际图像分辨率提升的有效性，这里从模拟实验环境中获得了四幅低分辨率的输入图像进行测试，其大小为（28×24）像素，放大倍数为 4。样本库使用中国人脸库。不同算法的重建图像如图 4-8 所示。

各种算法的参数设置同仿真实验一，本书提出的主成分稀疏表达算法相比其他算法重建图像更平滑，局部的混叠效应减少。证明在实际图像中，本书提出的算法具有更好的实用性。

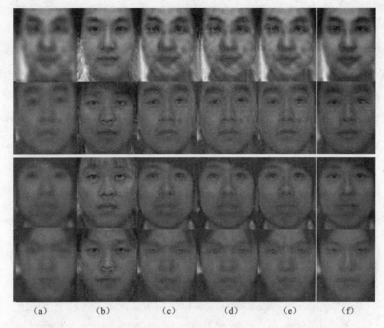

(a)　　　(b)　　　(c)　　　(d)　　　(e)　　　(f)

图 4-8　实际监控视频人脸图像的超分辨率重建图：
(a) 输入的低分辨率图像；(b) LLE 算法重建结果；(c) 基于位置块算法的重建结果；
(d) 位置块稀疏约束的重建结果；(e) 稀疏表达的重建结果；(f) 本书算法的重建结果

4.5.5　实验结论

4.5.5.1　主成分稀疏表达自适应局部脸超分辨率算法

　　针对局部脸算法对干扰敏感的问题，本书提出了基于自适应先验和主成分稀疏表达的局部脸算法。首先对样本图像块进行分类，以线性表达为分类标准，对先验样本对进行聚类。在此基础上使用主成分分解基作为稀疏表达基，并将低分辨率特征转换到具有特征一致性的样本库样本空间进行表达，利用学习得到的样本空间表达系数获得高低分辨率特征之间的回归关系，通过最小二乘回归获得输入低分辨率图像对应的高分辨率特征，进而重建出高分辨率图像。在中国人脸库和巴西人脸库上进行了仿真实验，如图 4-6 所示。在噪声条件下，本书算法具有更好的主观重建质量，在高斯噪声方差 0.002 的条件下，本书算法的 PSNR 值比性能表现第二优的 LLE 算法提升了 1.1 dB，主观重建质量有明显提升。

4.5.5.2 实际监控图像超分辨率重建

为了验证本书提出算法对于实际监控图像的有效性,实验从模拟实际监控环境实验室获取了 4 幅低分辨率输入图像进行测试,重建质量如图 4-8 所示,相比前沿算法,本书提出的超分辨率算法具有更好的细节表现,同时边缘和混叠效应有明显的减轻。证明了本书提出的人脸超分辨率算法具有较好的实用性。

参 考 文 献

[1] WANG X,TANG X. Hallucinating face by eigentransform[J]. IEEE Transactions on Systems,Man, and Cybernetics-part C:Applications and Reviews,2005,35(3):425-434.

[2] MA X,ZHANG J P,QI C. Hallucinating face by position-patch[J]. Pattern Recognition,2010,43(6): 2224-2236.

[3] CHANG H,YEUNG D Y,XIONG Y M. Super-resolution through neighbor embedding[J]. IEEE International Conference on Computer Vision and Pattern Recognition,2004,1:275-282.

[4] JUNG C,JIAO L,LIU B,et al. Position-patch based face hallucination using convex optimization[J]. IEEE Signal Processing Letters,2011,18(6):367-370.

[5] YANG J C,WRIGHT J,HUANG T,et al. Image super-resolution via sparse representation[J]. IEEE Transactions on Image Processing,2010,19(11):2861-2873.

第 5 章 基于深度协作表达的人脸超分辨率算法

本章提出一种新型的人脸超分辨率算法——基于深度协作表达的人脸超分辨率算法,通过不断更新每层的初始的低分辨率的人脸样本图像和高低分辨率人脸样本图像训练集来更新最优权值系数,使图像块的表示系数更加精确,最后将获得的人脸图像块融合,得到高分辨率人脸图像,提高最终合成的高分辨率人脸图像的质量。实验结果表明,基于深度协作表达的人脸超分辨率算法主客观重建质量均优于其他前沿对比算法。

5.1 引言

人脸超分辨率技术是指将输入单帧或多帧的低分辨率人脸图像重建出高分辨率人脸图像,该算法广泛应用在视频监控、人脸识别甚至娱乐软件中。近年来,受益于机器学习理论和应用的快速发展,提出的基于学习的人脸超分辨重建算法成为人脸超分辨率重建算法研究的主流方向。基于学习的超分辨率重建算法,通过从一组低分辨率图像和对应的高分辨率图像组成的训练集寻找某种关系并由此估计出低分辨率输入图像丢失的高频信息。基于学习的超分辨率重建算法利用样本的先验知识来提供更强的约束,因此往往能够获得比较好的结果。近年来,专门针对人脸的超分辨重建算法得到了研究者的广泛关注。

5.2　方法比较

　　基于学习的人脸超分辨率算法的核心在于学习获得与输入图像服从同一统计分布的映射关系。线性回归方法被广泛应用到高低分辨率块的映射关系建模上，但是假设高低分辨率图像块满足线性关系的假设过于简单，无法完全刻画复杂的高低分辨率图像块之间的关系[1-3]。Chang 等[4]首次将流形学习中邻域嵌入的思想引入超分辨率重建算法中，利用图像块的局部线性关系拟合高低分辨率图像块之间的复杂关系，取得了较好的重建效果。Ma 等[5,6]利用人脸图像的结构性特征——位置块对人脸图像进行表达和重建，这类方法获得了令人满意的重建效果。Yang 等[7,8]提出了基于稀疏编码（sparse representation，SR）的方法解决表达先验的准确性问题，学习耦合的稀疏表达字典，拟合高低分辨率图像块在流形空间中的一致关系。在此基础上，Jiang 等[9,10]提出了基于局部约束表达（locality constrained representation LCR）的方法，该方法根据局部流形几何引入了局部约束条件对特征系数进行进一步约束。上述基于表达的人脸超分辨率算法都是在单层算法框架中进行的，如图 5-1 所示，虽然取得了比较好的实验结果，但是存在表达精度不够无法拟合高低分辨率图像之间复杂关系的问题。

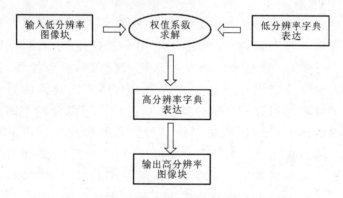

图 5-1　基于表达的超分辨率算法流程图

　　为了进一步解决先验表达的准确性问题，Jiang 等[11,12]则提出了迭代版本的局部约束算法，该算法迭代更新输入的低分辨率人脸图像和中间字典来提升高低分辨率图像块之间的流形一致性。Zhang 等[13]提出了一种基于多重线性回归(multiple linear mappings，MLM)模型，通过学习人脸图像空间上的多重映射关系，可以有效地预测高分辨率人脸图像中所需要的细节信息。前述算法要么是假设高低分辨率像素域特征的线性关系[14]，要么是假设高低分辨率图像在特征域的线性关系[15]，在降质因子较小的情况下，也就是高低分辨率图像更符合线性假设的前提下，这类算法获得了较好的重建性能。但是由于低分辨率图像和高分辨率图像之间存在着一对多的映射关系，在复杂的成像场景中，这样的线性假设常常难以满足，因此限制了这些算法的性能。Dong 等[16,17]提出了基于深度学习的卷积神经网络超分辨率(deep convolutional network for image super-resolution，SRCNN)算法，如图 5-2 所示，利用卷积层和纠正线性单元(rectified linear unit，ReLU)拟合高低分辨率图像块之间的复杂非线性关系，但是该算法在训练过程中需要大量的时间来训练图像，导致整个过程消耗时间比较长。

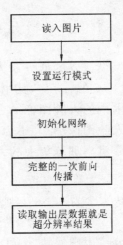

图 5-2　基于深度学习的超分辨率算法流程图

　　受深度学习理论的启发，针对单层算法框架下表达精度不够等问题，本节提出一种深度协作表达算法框架，如图 5-3 所示，将单层协作表达模型扩展成深度模型，构造深度的多线性模型分段拟合高低分辨率图像块之间的非线性关系。本节算法简洁高效，提供了一种新的深度学习模型，实验表明本书算法相比传统基于表达的算法和基于卷积神经网络的人脸超分辨率算法具有更好的主客观重建质量。

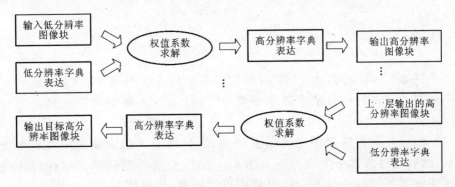

图 5-3　基于深度协作表达的超分辨率算法流程图

5.3　基于深度协作表达的人脸超分辨算法流程

5.3.1　单层协作表达

设输入的低分辨人脸图像为 $X \in \mathfrak{R}^{m \times n}$，高低分辨人脸图像训练集为 $\{B_i\}_{i=1}^N$ 和 $\{A_i\}_{i=1}^N$，其中 N 为样本数量，假设比例因子为 t，低分辨率训练样本中的人脸图像 A_i 大小为 $m \times n$，那么相对应的高分辨率训练样本中的人脸图像 B_i 大小为 $mt \times nt$。将输入的低分辨人脸图像、低分辨率和高分辨率训练集中的人脸图像在像素域划分成个相互重叠的图像块 x_i，$A^p = [a_1^p, \cdots, a_{NM}^p] \in \mathfrak{R}^{d \times NM}$ 和 $B^p = [b_1^p, \cdots, b_{NM}^p] \in \mathfrak{R}^{(d \times t^2) \times NM}$，其中，低分辨图像块大小为 $\sqrt{d} \times \sqrt{d}$，则相应的高分辨率图像块大小为 $(t \times \sqrt{d}) \times (t \times \sqrt{d})$。

令 $L_i \in \mathfrak{R}^{d \times K}$ 表示一个包含 K 个原子的低分辨率字典，则对于输入的低分辨率图像块 x_i，采用协作表达的 l_2 范式求解第 $i \cdots$ 输入的低分辨率图像块最优权值系数：

$$\alpha_i^* = \arg \min_{\alpha_i} \parallel x_i - L_i \alpha_i \parallel_2^2 + \tau \parallel \alpha_i \parallel_2^2 \tag{5.1}$$

其中：τ 是平衡重建误差和局部约束的正则化参数；$\parallel \cdot \parallel$ 是欧氏平方距离，i 是样本序号。

令 $H_i \in \mathfrak{R}^{(t^2 \times d) \times K}$ 表示一个包含 K 个原子的高分辨率字典，结合最优权值系数 α_i^* 合成高分辨率图像块：

$$y_i = H_i \alpha_i^* \tag{5.2}$$

最后将获取高分辨率图像块 y_i 融合，得到最终目标高分辨率人脸图像 Y。

5.3.2　字典训练

正如 5.3.1 节叙述，为了得到目标高分辨人脸图像 Y，需要一对高分辨率训练字典和低分辨率训练字典 H_i 和 L_i，下面对字典训练过程进行详述。

将低分辨训练集中的每幅人脸图像 A_i 插值 4 倍到高分辨人脸图像 T_i，然后通过在水平方向和垂直方向上的第一阶梯度和第二阶梯度将通过插值得到的高分辨率人脸图像进行特征提取，采用如下公式获得：

$$G_{(i)j} = f_i * T_i, \quad j = 1, \cdots, 4 \tag{5.3}$$

其中:$G_{(i)j}$是所滤波后的图像;f_1 和 f_2 分别为在水平方向和垂直方向的梯度的高通滤波器;f_3 和 f_4 分别为在水平方向和垂直方向的拉普拉斯高通滤波器;* 表示的是卷积运算;每幅图像将会提取到 4 个特征,然后采用如下公式从 T_i 中得到和 A^p 相应的特征块集合:

$$g_{(i)j} = [g_{(i)1}, g_{(i)2}, g_{(i)3}, g_{(i)4}] \tag{5.4}$$

其中:$g_{(i)}$是从滤波后的图像 $G_{(i)}$ 在相同位置划分的图像块,最后得到低分辨率图像块集合相对应的特征图像块集合 $A^f = [g_{(i)j}, \cdots, g_{(NM)j}] \in \mathfrak{R}^{4d \times NM}$;

对输入的低分辨人脸图像 X 按照式(5.3)和式(5.4)获得特征块 $x_{(i)j} = [x_{(i)1}, x_{(i)2}, x_{(i)3}, x_{(i)4}]$。

采用 KNN 算法获得在低分辨率特征块集合 A^f 中个最邻近的特征块:

$$C_K(x_{(i)j}) = \text{support}(\text{dist}|_K) \tag{5.5}$$

其中:$\text{dist}|_K$ 表示在距离 $x_{(i)j}$ 距离最近的 K 个人脸图像块。其计算公式如下:

$$\text{dist}_i = \| x_{(i)j} - g_{(i)j} \|_2 \tag{5.6}$$

其中:dist 表示 $x_{(i)}$ 和低分辨率特征块集合 A^f 的欧氏距离。

根据特征域中图像块的位置和像素域中图像块位置的相关性,使用相同索引找到在像素域中低分辨率图像块训练集 A^p 和高分辨率图像块训练集 B^p 中对应的个图像块,则对于每一个输入的低分辨图像块 x_i 都会找到与其对应的高低分辨图像块字典对:

$$L_i = A^p|_{C_K(x_{(i)j})}, \quad H_i = B^p|_{C_K(x_{(i)j})} \tag{5.7}$$

其中:K 表示字典原子个数。对于每一幅输入的低分辨人脸图像将会获得 M 对高低分辨人脸图像块字典对$\{H_i, L_i\}_{i=1}^M$。

5.3.3　基于深度协作表达的人脸超分辨率算法步骤

为了获得更好的重建效果,将传统单层协作表达扩展成为深度协作表达。假设 s 为层数的序号,$s = 1, \cdots, S, S$ 表示的是总层数,则深度协作表达定义为

$$\alpha_i^{*(s)} = \arg\min_{\alpha_i^{(s)}} \{ \| x_i^{(s)} - L_i^{(s)}\alpha_i^{(s)} \|_2^2 + \tau \| \alpha_i^{(s)} \|_2^2 \} \tag{5.8}$$

其中:$L_i^{(s)}$ 表示深度低分辨率字典。当 $s = 1$ 时,$x_i^{(1)} = x_i$ 为初始输入低分

辨率图像块,$L_i^{(s)} = L_i^{(1)}$ 为初始低分辨率字典。

如式(5.8)所述,为了逐层求解最优权值系数 $\alpha_i^{*(s)}$,需要获得每层的中间低分辨率字典 $L_i^{(s)}$。众所周知,高分辨率人脸图像训练集样本是可靠的,为了获得中间字典 $L_i^{(s)}$,只需要通过留一策略更新每个层的低分辨率人脸图像训练集:从第一幅低分辨率图像 $A_i^{(s)}$ 开始,使用剩下的 $N-1$ 幅低分辨率图像作为新的低分辨率人脸图像训练集进行更新。通过同样的方法,从高分辨率人脸图像训练样本中获得相应的新的高分辨率人脸图像训练集。然后低分辨率人脸图像训练样本集中每一张的人脸图像按照单层协作表达的方法进行更新。根据这种策略,每一层的低分辨人脸图像训练集将会被更新。当所有的低分辨率人脸图像训练样本被更新后,相应的中间字典(L_i^s)将被会被不断更新。

算法 5.1　基于深层协作表达的人脸超分辨率算法

输入:低分辨和高分辨率训练样本 $\{A_i\}_{i=1}^N$ 和 $\{B_i\}_{i=1}^N$,输入低分辨率人脸图像 X、比例因子 t、正则化参数 τ、字典原子个数 K 及层数 S。

输出:目标高分辨率人脸图像 Y。

步骤1:将输入的低分辨人脸图像,低分辨率人脸图像训练集和高分辨率人脸图像训练集中的每一幅人脸图像在像素域划分成 M 个相互重叠的图像块。

步骤2:根据式(5.3)和式(5.4)对输入的低分辨率图像块和图像块训练字典进行特征提取得到 $x_{(i)j}$ 和 $g_{(i)j}$。

步骤3:根据式(5.7)在像素域中根据相同的索引从高低分辨率字典中获得 L_i 和 H_i。

步骤4:根据式(5.8)计算权重值 $\alpha_i^{*(s)}$。

步骤5:根据式(5.2)重建高分辨率图像块 $y_i^{(s)}$。

步骤6:将获取的人脸图像块整合得到目标高分辨率人脸图像 Y。

步骤7:更新下一层的字典 $L_i^{(s)}$ 和 $H_i^{(s)}$。

5.4　实验结果与分析

5.4.1　实验目的与原理

实验目的:通过仿真人脸图像超分辨率实验,验证本章提出的基于深度协作表达的人脸超分辨率算法的有效性与性能。

实验原理：基于深度协作表达的人脸超分辨率算法是将传统的单层协作表达扩展成深度协作表达。深度协作表达逐层更新表达系数和对应的高低分辨率字典对，构造深度线性函数拟合复杂高低分辨率关系模型。算法在特征域学习字典对，并逐层更新表达字典对，提升高低分辨率表达系数的流形一致性，进而提升人脸图像的超分辨率重建性能。

5.4.2　实验条件及设备

实验环境：智能实验室。

实验软件环境：Windows 7 操作系统。

仿真工具：MATLAB 软件。

实验主要工具：开发的基于深度协作表达的人脸超分辨率算法。

实验硬件条件：ASUS 计算机。

样本数据库：FEI 人脸数据库，该数据集中包括 400 幅图像，分别从200 个目标人物得到，每一位目标人物有两幅正面的图像，一张没有表情，一张面带微笑。所有的照片都被裁剪成大小为（120×100）像素的图像，选取其中的 360 幅图像作为训练样本集，剩下的 40 幅图像用来测试。因此，所有的测试图像都不在训练集中。低分辨率图像是由对应高分辨率图像的加入模糊后下采样 4 倍形成，因此低分辨图像的大小为（30×25）像素。

5.4.3　测试标准及实验方法

测试标准主要分为主观图像质量测试和客观图像质量测试。

客观质量测试标准：峰值信噪比（PSNR），结构相似性度量（SSIM）。

实验方法：为了测试基于深度协作表达的人脸超分辨率算法的性能提升，采取仿真实验的方法进行实验测试。为了验证深度协作表达算法的有效性，选择了三类算法作为对比。基于表达的超分辨率算法：稀疏表达算法、位置块算法、局部嵌入算法和局部约束表达算法。基于迭代表达的超分辨算法：LINE；基于深度学习的超分辨率算法：SRCNN。仿真实验选随机选择样本库中的 360 幅人脸图像作为训练集，另外的 40 幅图像作为测试集。

5.4.4　实验数据及处理

在本书提出的算法中,有三个直接影响算法效果的重要参数:正则化参数 τ、字典原子个数 K 和层数 S。设定一个参数固定,另一个参数以一定的规律进行变化。将观察三者之间的关系以及它们对重建性能的影响。

字典原子个数 K。为了测试字典原子个数 K 对算法的影响,分别测试在不同字典原子个数下所提出算法的性能,以第一层为例。如图 5-4 所示,画出了随着字典原子个数 K 变化的 40 幅测试图像的平均 PSNR 值和 SSIM 值。从图中可以观察到,随着字典原子个数 K 的增加,所提出的算法的性能也在增加。然而,当字典原子个数增大到一定限度时,所提出的算法性能将会下降。理论上来说,从训练集中选择的字典原子个数越多,对于高分辨率图像的重建效果应该越好、越准确,但是参与的字典原子个数越多,意味着更长的运行时间与更高的计算成本。所以,为了平衡所提出的算法性能和时间消耗之间的关系,在该算法中将 K 设置为 65。

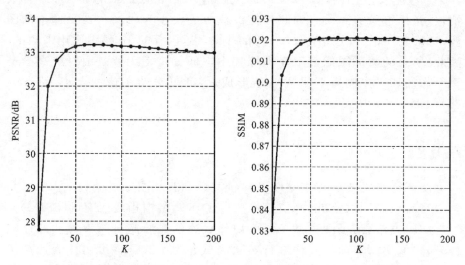

图 5-4　字典原子个数 K 对平均 PSNR 值和 SSIM 值的影响

正则化参数 τ。在所提出的算法中,τ 是一个正则化参数,其作用是平衡重建误差与局部位置块之间的贡献。为了测试正则化参数 τ 的取值对所提出的算法的影响,本节测试了随着 τ 变化该算法的性能,以第一层为例。如图 5-5 所示,画出了随着 τ 变化的 40 幅测试图像平均 PSNR 值和 SSIM 值的曲线图。从图中可以很容易地看出，τ 的取值对提出的算法的性能有着至关重要的作用，从图中可以看出，随着 τ 值的增大，提出的算法性能并不是一直处于增大的状态，而是在达到一定限度时反而会下降。所以，τ 的取值也不能设置得太小或者太大，都会导致重建后的人脸图像质量下降。τ 取值太小，表明其惩罚局部约束性过多；而 τ 取值太大，又会使得局部信息过学习，从而导致重建的图像质量下降。因此，在提出的算法中，为了取得最好的实验结果，将 τ 的取值设置为 10^{-4}。

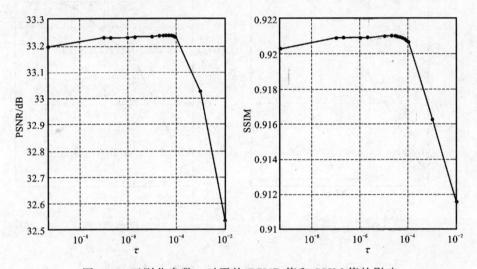

图 5-5　正则化参数 τ 对平均 PSNR 值和 SSIM 值的影响

层数 S。为了测试层数 S 对提出算法的影响，分别测试了该算法在不同层数下的 40 幅测试图像的平均 PSNR 和 SSIM 值。如图 5-6 所示，随着层数的增加，40 幅测试图像的平均 PSNR 值和 SSIM 值也在不断增加。其中"1"、"2"、"3"、"4"表示的是不同层数的序号。但是，当层数达到一定限度时，40 幅测试图像的平均 PSNR 值和 SSIM 值将会处于一种稳定的状态。所以在所提出的算法中，将层数设置为 4。

为了评价本章提出算法的有效性，选择了三类算法作为对比。基于表达的超分辨率算法：稀疏表达算法、位置块算法、局部嵌入算法和局部约束表达算法。基于迭代表达的超分辨算法：LINE；基于深度学习的超分辨率算法：SRCNN。由此可以得出，其中局部约束表达算法是目前重建性能最好的表达类方法，LINE 是性能最好的迭代版本的超分辨率算法，SRCNN 应用到人脸超分辨率算法是性能最好的深度学习方法。为

了公平的比较,将其他方法设置为它们的最优参数。主观评价上,图 5-6
展示了各种算法的主观图。客观评价上,使用各种算法对 40 幅测试图像
进行了实验,计算其 PSNR 值和 SSIM 值,Gains of PSNR 和 Gains of
SSIM 表示的是所提出的算法和对比其他算法相比较在 PSNR 和 SSIM
值上产生的增益,具体如表 5-1 和表 5-2 所示。

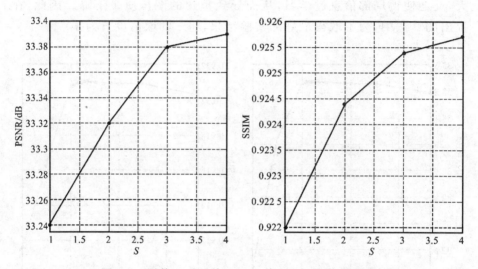

图 5-6　层数 S 对平均 PSNR 值和 SSIM 值的影响

表 5-1　不同的超分辨率算法 PSNR 指标对比

算法	Bicbuic	SR	LSR	LLE	LCR	LINE	SRCNN	本章算法
1	26.24	30.73	31.09	31.10	31.20	31.97	32.86	32.41
2	26.63	30.82	31.13	31.77	31.26	32.04	32.46	32.43
3	28.37	32.82	32.97	33.77	33.72	34.12	34.42	34.43
4	28.54	32.42	32.68	32.88	33.04	33.43	33.88	33.99
5	25.56	30.22	30.62	30.12	30.62	31.25	31.40	31.66
6	25.44	29.81	30.17	29.39	30.24	30.73	30.91	31.01
7	28.09	33.70	34.11	35.40	35.41	35.90	34.39	36.54
8	27.57	32.71	32.99	33.83	34.16	34.76	33.49	35.21
9	27.25	31.61	32.16	32.35	32.63	33.02	33.18	33.16
10	26.59	30.44	30.72	30.71	31.36	31.61	32.94	32.51
11	28.64	32.06	32.38	32.80	33.01	33.40	33.88	34.15

续表

算法	Bicbuic	SR	LSR	LLE	LCR	LINE	SRCNN	本章算法
12	27.87	31.56	31.86	31.84	32.37	32.65	33.27	33.33
13	27.30	32.48	32.71	33.49	33.65	33.94	33.69	34.51
14	26.90	32.37	32.59	33.09	33.35	33.64	32.97	33.81
15	26.53	30.04	30.39	30.21	30.74	31.19	31.42	31.33
16	27.23	31.19	31.53	31.38	31.77	32.15	32.28	32.72
17	26.78	30.21	29.87	29.93	29.68	30.24	30.37	30.22
18	26.29	29.27	29.06	29.30	29.38	29.65	29.93	30.05
19	29.32	33.88	34.55	34.57	35.16	35.63	34.99	35.32
20	29.25	34.21	34.66	34.17	35.06	35.43	34.74	35.17
21	28.05	32.90	33.34	33.96	33.93	34.50	34.46	34.69
22	27.93	32.33	32.70	33.50	33.12	33.51	33.43	33.83
23	25.80	31.25	31.63	32.98	33.67	33.81	33.24	34.55
24	26.53	30.89	31.20	32.97	32.90	32.91	33.54	33.66
25	27.30	32.49	32.98	33.84	34.20	34.45	34.52	35.25
26	27.23	31.74	32.38	32.65	33.21	33.53	33.63	33.77
27	27.66	31.94	32.56	33.27	33.27	33.70	33.24	34.15
28	27.76	32.75	33.06	33.79	33.88	34.35	34.64	34.06
29	28.26	30.58	30.72	30.56	30.40	30.99	31.04	31.09
30	29.02	32.77	33.70	33.48	33.68	34.35	33.92	33.92
31	26.19	31.71	31.92	32.23	32.53	32.96	31.99	33.45
32	26.16	31.45	31.83	31.80	32.78	33.05	32.89	33.46
33	28.75	33.33	33.62	35.15	34.64	35.16	35.35	36.22
34	28.24	32.58	32.97	34.05	33.90	34.45	34.17	35.12
35	28.61	32.52	33.25	33.75	34.13	34.73	34.69	35.46
36	28.91	33.42	33.74	34.12	34.43	34.84	34.56	34.82
37	27.19	31.41	31.78	31.30	31.62	32.03	31.99	31.80
38	26.68	30.05	30.75	30.81	30.69	31.01	30.81	30.79
39	27.52	32.26	32.28	32.43	33.01	33.31	33.46	34.41
40	27.00	31.78	31.99	32.11	32.41	32.85	32.83	33.53
平均值	27.43	31.82	32.17	32.52	32.76	33.18	33.15	33.55

　　从表 5-1 和表 5-2 可以看出,本章分别计算了不同算法下 40 幅测试图像的 PSNR 和 SSIM 的平均值。从中可以看出,本章方法优于其他方法。本章方法的 PSNR(SSIM)值比 LLE 方法高出 1.03 dB(0.016 6),比

LCR 高出 0.80 dB(0.012 5)，比 LINE 高出 0.37 dB(0.004 6)，比 SRCNN 高出 0.40 dB(0.007 8)。因此，本章方法在主观和客观上都具有较好的效果。

表 5-2　不同的超分辨率算法 SSIM 指标对比

算法	Bicbuic	SR	LSR	LLE	LCR	LINE	SRCNN	本章算法
1	0.838 1	0.902 3	0.908 9	0.911 3	0.914 1	0.925 2	0.929 7	0.933 2
2	0.835 9	0.897 3	0.905 5	0.909 4	0.908 7	0.921 3	0.922 0	0.928 5
3	0.846 2	0.907 9	0.907 9	0.909 8	0.913 1	0.921 1	0.920 4	0.929 1
4	0.837 5	0.895 2	0.900 4	0.898 9	0.903 4	0.910 5	0.910 5	0.918 2
5	0.845 8	0.912 3	0.915 8	0.909 5	0.920 6	0.926 7	0.923 9	0.931 5
6	0.829 9	0.904 0	0.912 3	0.897 9	0.912 6	0.920 8	0.917 4	0.919 9
7	0.870 6	0.923 5	0.930 1	0.934 2	0.942 1	0.947 8	0.943 9	0.953 3
8	0.855 6	0.917 3	0.919 9	0.921 4	0.931 7	0.938 5	0.935 8	0.944 3
9	0.858 2	0.898 9	0.913 8	0.909 7	0.915 0	0.925 8	0.924 9	0.925 0
10	0.839 1	0.894 0	0.904 3	0.902 8	0.909 4	0.917 0	0.918 2	0.925 3
11	0.862 2	0.909 9	0.915 7	0.915 1	0.921 7	0.928 4	0.928 8	0.935 4
12	0.848 1	0.898 0	0.909 9	0.900 1	0.911 3	0.919 1	0.914 6	0.923 5
13	0.860 6	0.924 0	0.930 0	0.937 8	0.938 4	0.943 8	0.930 5	0.947 1
14	0.852 8	0.918 7	0.926 1	0.927 6	0.932 3	0.938 1	0.920 3	0.937 0
15	0.847 3	0.905 5	0.914 2	0.907 8	0.918 8	0.927 4	0.910 8	0.928 4
16	0.831 8	0.904 4	0.911 1	0.903 4	0.913 7	0.920 2	0.901 6	0.926 7
17	0.765 3	0.831 1	0.822 7	0.821 5	0.815 3	0.832 0	0.863 0	0.835 0
18	0.762 6	0.809 6	0.800 7	0.810 0	0.809 7	0.819 8	0.856 7	0.838 9
19	0.858 3	0.906 1	0.915 6	0.916 2	0.925 8	0.932 7	0.928 8	0.930 6
20	0.850 0	0.914 7	0.919 5	0.913 5	0.924 1	0.929 7	0.919 7	0.927 9
21	0.864 2	0.917 2	0.923 1	0.928 8	0.927 1	0.935 1	0.934 3	0.937 8
22	0.854 8	0.900 0	0.907 7	0.912 6	0.909 7	0.917 5	0.912 1	0.920 8
23	0.841 8	0.921 6	0.928 1	0.932 9	0.937 7	0.944 4	0.926 5	0.947 2
24	0.842 0	0.903 8	0.913 4	0.923 7	0.923 8	0.928 3	0.916 1	0.934 9
25	0.878 1	0.926 4	0.931 9	0.934 1	0.937 8	0.942 9	0.943 8	0.948 5
26	0.839 5	0.901 4	0.915 8	0.907 4	0.914 8	0.924 0	0.915 5	0.928 8
27	0.839 8	0.903 9	0.914 1	0.919 2	0.923 8	0.929 4	0.923 9	0.936 3

续表

算法	Bicbuic	SR	LSR	LLE	LCR	LINE	SRCNN	本章算法
28	0.846 1	0.916 4	0.920 9	0.930 1	0.933 2	0.938 6	0.938 4	0.944 8
29	0.796 7	0.851 2	0.854 5	0.858 9	0.850 8	0.865 3	0.872 2	0.876 2
30	0.831 4	0.907 4	0.917 7	0.922 6	0.923 1	0.930 6	0.927 9	0.931 8
31	0.841 7	0.907 5	0.912 3	0.916 4	0.916 9	0.925 6	0.922 0	0.931 0
32	0.829 4	0.905 6	0.915 6	0.907 0	0.919 6	0.928 2	0.915 7	0.926 8
33	0.873 7	0.927 9	0.932 6	0.944 2	0.941 3	0.947 3	0.947 0	0.953 9
34	0.845 1	0.910 0	0.917 0	0.929 1	0.928 9	0.935 6	0.927 2	0.943 5
35	0.869 5	0.914 9	0.929 3	0.927 8	0.931 9	0.941 9	0.939 8	0.943 1
36	0.858 8	0.923 2	0.925 3	0.922 3	0.928 1	0.935 0	0.931 2	0.932 0
37	0.835 4	0.890 5	0.900 2	0.896 9	0.902 4	0.910 5	0.906 0	0.913 6
38	0.805 4	0.874 4	0.892 0	0.893 7	0.889 4	0.900 2	0.889 8	0.896 0
39	0.860 2	0.925 3	0.924 2	0.923 2	0.927 8	0.934 5	0.929 0	0.943 7
40	0.838 2	0.904 9	0.909 3	0.911 2	0.914 0	0.921 6	0.911 6	0.935 7
平均值	0.842 2	0.902 7	0.909 2	0.910 0	0.914 1	0.922 1	0.918 8	0.926 6

为了更好地说明所提出算法的性能优于其他对比算法,分别列出了每种算法的最终超分辨率结果的主观人脸图像。如图 5-7 所示,图 5-7(a)是输入的低分辨率人脸图像,从图 5-7(b)到(g)分别是各种对比算法的重建图像。图 5-7(h)是所提出算法的重建图像。图 5-7(i)则是原始的高分辨率人脸图像。从图 5-7 可以看出,本章方法比其他方法在主观质量上效果更好,得到的重建图像更加清晰,并且和原始图像更加相近。本书方法在嘴和眼睛的区域有更多的细节,与原始图像更为相同。

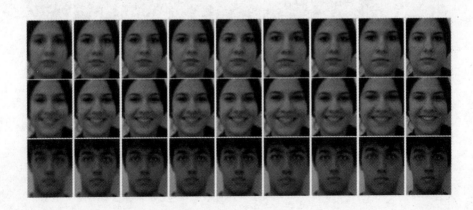

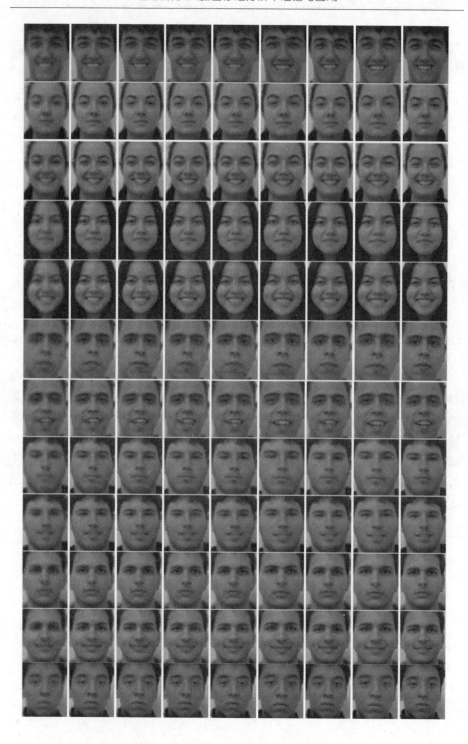

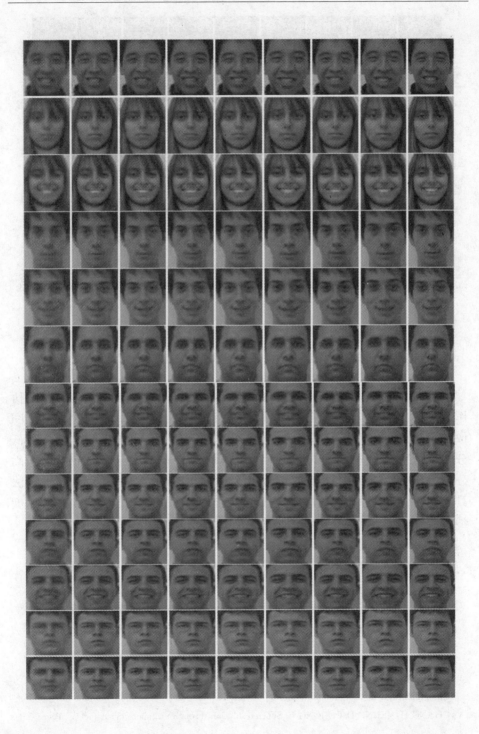

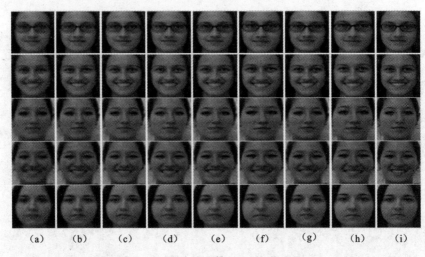

$$(a) \quad (b) \quad (c) \quad (d) \quad (e) \quad (f) \quad (g) \quad (h) \quad (i)$$

图 5-7　不同对比算法下的主观图：

(a) 输入低分辨率的图像；(b) SR 算法结果；(c) LSR 算法结果；(d) LLE 算法结果；(e) LCR 算法结果；
(f) SRCNN 算法结果；(g) LINE 算法结果；(h) 本章算法结果；(i) 原始高分辨图像

5.4.5　实验结论

针对传统的单层算法表达精度不足的问题，本书提出了基于深度协作表达的人脸超分辨率算法。首先对通过将低分辨训练集中的人脸图像和输入的低分辨率人脸图像通过插值到高分辨率人脸图像，建立高低分辨率人脸图像块字典，进而找到对应的线性函数关系，进而重建出高分辨率图像。在 FEI 人脸库上进行了仿真实验，如图 5-7 所示，本书算法具有更好的主观重建质量，本书算法的 PSNR 值比算法性能第二优深度学习算法提升了 0.40 dB，主观重建质量有明显提升。

参 考 文 献

[1] TIMOFTE R, DE V, GOOL L V. Anchored neighborhood regression for fast example-based super-resolution[C]. IEEE International Conference on Computer Vision, 2013:1920-1927.

[2] TIMOFTE R, SMET V D, GOOL L V. A+：Adjusted anchored neighborhood regression for fast super-resolution[C]. Asian Conference on Computer Vision. New York:Springer, 2014:111-126.

[3] DAI D, TIMOFTE R, GOOL L V. Jointly optimized regressors for image super-resolution[C]. Eurographics, 2015:95-104.

[4] CHANG H, YEUNG D Y, XIONG Y. Super-resolution through neighbor embedding[C]. Proceedings

of the 2004 IEEE Computer Society Conference on Computer Vision and Pattern Recognition, 2004, 1: I-275-I-282.

[5] MA X, ZHANG J, QI C. Position-based face hallucination method[C]. IEEE International Conference on Multimedia and Expo, 2009: 290-293.

[6] MA X, ZHANG J, QI C. Hallucinating face by position-patch[J]. Pattern Recognition, 2010, 43(6): 2224-2236.

[7] YANG J, WRIGHT J, HUANG T, et al. Image super-resolution as sparse representation of raw image patches[C]. IEEE Computer Society Conference on Computer Vision and Pattern Recognition, 2008: 1-8.

[8] YANG J, WRIGHT J, HUANG T S, et al. Image super-resolution via sparse representation[J]. IEEE Transactions on Image Processing A Publication of the IEEE Signal Processing Society, 2010, 19(11): 2861-2873.

[9] JIANG J, HU R, HAN Z, et al. Position-patch based face hallucination via locality-constrained representation[C]. IEEE International Conference on Multimedia and Expo, 2012: 212-217.

[10] JIANG J, HU R, WANG Z, et al. Noise robust face hallucination via locality-constrained representation[J]. IEEE Transactions on Multimedia, 2014, 16(5): 1268-1281.

[11] JIANG J, HU R, WANG Z, et al. Face super-resolution via multilayer locality-constrained iterative neighbor embedding and intermediate dictionary learning [J]. IEEE Transactions on Image Processing A Publication of the IEEE Signal Processing Society, 2014, 23(10): 4220-4231.

[12] JIANG J, HU R, WANG Z, et al. Facial image hallucination through coupled-layer neighbor embedding[J]. IEEE Transactions on Circuits and Systems for Video Technology, 2015, 26(9): 1674-1684.

[13] ZHANG K, TAO D, GAO X, et al. Learning multiple linear mappings for efficient single image super-resolution[J]. IEEE Transactions on Image Processing A Publication of the IEEE Signal Processing Society, 2015, 24(3): 846.

[14] FARRUGIA R A, GUILLEMOT C. Face hallucination using linear models of coupled sparse support [J]. IEEE Transactions on Image Processing, 2015, P(99): 1.

[15] ZHANG Y, ZHANG Y, ZHANG J, et al. CCR: Clustering and collaborative representation for fast single image super-resolution[J]. IEEE Transactions on Multimedia, 2016, 18(3): 405-417.

[16] DONG C, CHEN C L, HE K, et al. Learning a Deep Convolutional Network for Image Super-Resolution[M]. New York: Spinger, 2014, 8692: 184-199.

[17] DONG C, CHEN C L, HE K, et al. Image super-resolution using deep convolutional networks[J]. IEEE Transactions on Pattern Analysis and Machine Intelligence, 2016, 38(2): 295.

第 6 章　基于低秩约束的极限学习机高效人脸识别算法

在复杂的应用场景中，往往会由于光照变化、遮挡和噪声变化等因素的干扰，使人脸识别性能降低，本章提出一种基于低秩子空间恢复约束的极限学习机鲁棒性人脸识别算法。该算法中首先利用人脸图像分布的子空间线性假设，将待识别图像聚类到相对应的样本子空间；其次，通过低秩矩阵恢复将矩阵分解为低秩矩阵和稀疏误差矩阵，依据图像子空间的低秩性对噪声鲁棒的原理提取人脸图像的低秩结构特征训练极限学习机的前向网络，最后实现对噪声干扰鲁棒的极限学习机人脸识别算法。实验结果证明，本章算法在识别率和识别时间上都优于其他对比算法，表明本书算法有较好的实用性。

6.1　引言

人脸识别广泛应用在信息安全、公共安全等各个领域，一直都是计算机视觉和模式识别的一个热门话题，具有极高的理论研究和应用价值。人脸识别算法主要是从输入的人脸图像推导其对应的身份信息。一般来讲，如图 6-1 所示，人脸识别算法主要分为四个步骤：前处理、特征提取、编码和分类。围绕这四个环节，近年来有大量的文献开展了人脸识别领域的研究工作，并取得了良好的效果。从技术的发展脉络来看，主要分为模版几何匹配、子空间学习、稀疏分类到深度学习四个不同的阶段。

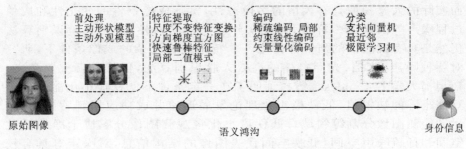

图 6-1　人脸识别算法流程图

6.2　方法比较

早期的模板匹配方法算法主要利用预定义的模板来克服人脸图像的多变性,算法效率高但识别精度有限。在此基础上提出的弹性图匹配(EGM)、主动形状模型(ASM)和主动外观模型(AAM)等技术能够有效地从图像或者视频中获得人脸的位置和区域,为人脸识别提供了更为精准的输入图像。受益于计算机视觉的理论发展,大量的手动设计的图像特征提取方法有了良好的识别性能,如尺度不变特征变换(SIFT)[1]、方向梯度直方图(HOG)[2]、快速鲁棒特征(SURF)[3]、局部二值模式(LBP)[4]等,都可以直接应用于人脸识别领域,使得提取的人脸特征具有更强的稳健性。与此同时,利用人脸的结构特性,经典的基于子空间学习方法如特征脸(Eigenface)[5]、Fisherface[6]、局部保持投影(LPP)[7]等算法也取得了相当好的识别效果,且该类算法计算量小、易于应用。

近年来,稀疏表达理论在图像识别与恢复等领域获得了广泛的应用。Yang 等[8]提出了基于稀疏表达的人脸识别算法,能够有效地提升人脸在噪声、遮挡等复杂输入条件下的识别率,算法将稀疏表示和分类算法结合利用重建残差预测类别信息获得了良好的识别性能。受该算法的启发,基于协作表示的识别算法[9]、基于局部约束表示[10]的识别算法等都取得了良好的算法性能。受限于手动设计特征的表达能力,基于深度学习的人脸识别算法利用深度神经网络拟合人类认知过程,定义多层特征表达和提取框架,极大地提升了人脸识别算法的性能[11]。Chan 等[12]提出了一种简单的深度学习模型,利用主成分分析网络提升识别任务的精度并取得了良好的算法性能,被认为是深度识别算法的基线。

尽管上述算法在可控条件下都取得了令人印象深刻的识别性能,然而实际的人脸图像具有表情的多模态性，实际成像条件的变化性和成像过程噪声等因素的多样性，以及实际应用的实时性，使得人脸识别算法仍然是具有挑战性的研究方向之一。特别是在复杂的成像条件下，研究对各种噪声、遮挡、光照鲁棒的高效人脸识别算法，仍然具有重要意义。斯坦福大学 E. Candès[16]教授证明了在一定条件下低秩最小化能够补全观测矩阵的缺损值，低秩最小化理论发展迅速并成功应用到背景建模、运动检测图像分割等领域。低秩最小化将观测图像分解成干净的低秩空间和稀疏噪声空间，低秩空间代表图像的结构信息，对噪声等具有较好的鲁棒性。在复杂的应用场景中，光照变化、遮挡和噪声变化等因素的干扰，使人脸识别性能降低。Du 等[14]提出了一种低秩稀疏表达的人脸识别算法，将低秩和稀疏表示结合起来提升分类器对人脸变化的鲁棒性，取得了较好的识别率，但低秩和稀疏表达系数的计算复杂度高。另一方面，传统的分类算法如最近邻分类（K-nearest neighbor，KNN）、支持向量机（SVM）等算法效率高，但是识别精度有限，极限学习机（ELM）是由反向传播（BP）神经网络发展而来的一种新型单隐层前馈网络（SLFNs），该算法训练速度快、泛化能力强，日益受到了研究者的关注。文献[15]指出，极限学习机尽管有计算复杂度低、泛化能力强等优点，但是预测精度对输入的噪声敏感，也就是当训练或者测试样本中存在噪声的情况下，ELM 的预测精度大幅下降。

为了解决这一问题，本章提出一种低秩子空间恢复支持的极限学习机鲁棒性人脸识别算法，首先利用训练样本子空间的约束性，将输入样本聚类到样本空间，其次利用低秩最小化获得对噪声鲁棒的结构化特征表达空间，最后将获得的低秩特征训练极限学习机的网络权值实现鲁棒性的人脸识别算法。本章的主要工作如下：①利用低秩最小化将存在光照、遮挡和表情变化等噪声的人脸图像分解成为低秩结构特征和稀疏误差项之和，实现人脸鲁棒性特征提取；②利用低秩结构特征约束极限学习机的训练和预测过程，在提升极限学习机的识别鲁棒性同时，具有较低的计算复杂度。

6.3　基于低秩约束的极限学习机高效人脸识别算法流程

6.3.1　基于低秩支持的极限学习机鲁棒性人脸识别

复杂的应用场景下，由于人脸图像具有变化性（光照、遮挡、表情变化),这些干扰使得以像素特征作为相似性度量的识别算法的图像类内差大于类间差,降低了传统人脸识别算法性能。本节提出一种低秩支持的极限学习机鲁棒性人脸识别算法,充分结合低秩矩阵恢复和极限学习机的优点,提升了人脸识别算法的鲁棒性,同时降低了时间开销。算法的流程如图 6-2 所示。

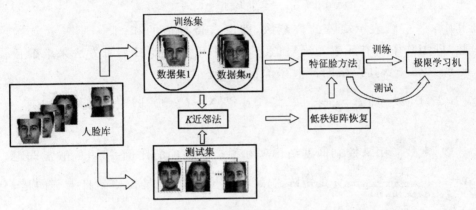

图 6-2　低秩支持的极限学习机人脸识别算法流程图

6.3.1.1　局部支持矩阵

假设输入人脸图像 $x_j \in R^{d \times 1}, j=1,2,3,\cdots,p$ 一共有 p 幅人脸图像;给定相对应的 n 类人脸图像,其中 $D=[D_1,D_2,\cdots,D_n] \in R^{d \times l}, D_i \in R^{d \times n_i}$ 表示第 i 类人脸图像数据集,其中 $D_i=[d_1,d_2,\cdots,d_{n_i}], n_i$ 表示该类别人脸图像的样本个数。对于每个输入的测试样本,采用下面公式获得局部距离权值:

$$\text{dist}(x_j, d_{i,p}) = \parallel x_j - d_{i,p} \parallel_2^2 \tag{6.1}$$

在本书中采用 ε-ball 的方法来找到 K 局部支持矩阵:如果 $\text{dist} \leqslant \varepsilon$,则将满足条件的备选样本形成新的集合 $B=\{d_{i,k}\}_{i=1,n,k=0,K}$ 表示满足条件的第 i 类样本的第 k 个样本,计算落入第 i 类中符合局部性规则的样本个数。取其最大值作为输入图像的类型信息,将 x_j 放进对应的类别 i 中,其中 $\varepsilon > 0$ 是一个常数,完成 p 幅人脸图像的预分类,将 x_j 与对应的 D_i 合并到一起变成增广矩阵。

6.3.1.2　低秩矩阵恢复

阈值分割对于观测矩阵 X,可以将观测到图像分解成低秩子空间图像和稀疏误差项之和，公式如下所示：

$$\min_{L,E} \text{rank}(L) + \lambda \parallel E \parallel_0 \text{ s. t. } X = L + E \tag{6.2}$$

其中：L 为低秩矩阵；E 为稀疏误差矩阵；λ 为稀疏错误的百分比。由于式（6.2）是一种高度非凸优化问题，没有有效的解决方案，就用下面式子做替代（其中用 l_1 范式和核常态来替代 l_1 范式）

$$\min_{L,E} \parallel L \parallel_* + \lambda \parallel E \parallel_1 \text{ s. t. } X = L + E \tag{6.3}$$

其中：$\parallel \cdot \parallel_*$ 表示矩阵的核范数，即所有奇异值的和；$\parallel \cdot \parallel_1$ 表示 l_1 范数，即矩阵中所有元素的绝对值。本书采用拉格朗日乘子方法来求解目标函数（6.3），其拉格朗日乘算子表示如下：

$$L(E, Y, u) = \parallel L \parallel_* + \lambda \parallel E \parallel_1 + \text{tr}[Y^t(X - L - E)] + \frac{u}{2} \parallel X - L - E \parallel_F^2$$

$$\tag{6.4}$$

其中：常数 λ 用来控制低秩结构项和稀疏误差项的比例关系，一般常选用 $\lambda = \dfrac{1}{\sqrt{\max(m,n)}}$，$m$、$n$ 是矩阵 X 的行数与列数，Y 是拉格朗日乘子向量，tr 是矩阵的迹。常采用交替迭代方法求解该目标函数。在优化式（6.4）时，通过固定 E 来求 L，通过固定 L 来求 E，用式（6.5）来得到 L 和 E：

$$L = \underset{L}{\arg\min} \parallel L \parallel_* + \text{tr}[Y^t(X - L - E)] + \frac{u}{2} \parallel X - L - E \parallel_F^2$$

$$= \underset{L}{\arg\min} \frac{1}{u} \parallel L \parallel_* + \left\| L - \left(\frac{1}{u} Y + X - E \right) \right\|_F^2 \tag{6.5}$$

该目标函数可以使用软阈值收缩法获得解析解。在获得 L 的值后，使用如下方法求解误差项：

$$E = \underset{E}{\arg\min} \lambda \parallel E \parallel_1 + \text{tr}[Y^t(X - L - E)] + \frac{u}{2} \parallel X - L - E \parallel_F^2$$

$$= \underset{E}{\arg\min} \frac{\lambda}{u} \parallel E \parallel_1 + \frac{1}{2} \left\| E - \left(\frac{1}{u} Y + X - L \right) \right\|_F^2 \tag{6.6}$$

该目标函数是典型的 l_1 范式的求解问题，使用 SPAMS 软件包计算该目标函数。拉格朗日算子 u 采用式（6.7）进行更新：

$$u = \min(u \times \rho, u_{\max}) \tag{6.7}$$

其中 ρ 满足条件 $\rho > 1$ 来控制 u 的增长，$u_{\max}$ 的上限为 ρ。这样基于低秩最小化的矩阵恢复算法可以总结如下。

算法 6.1　基于稀疏主成分分析去噪的自适应阈值选择图像分割算法
输入：矩阵 $X, \lambda, E = 0, u > 0, \gamma = 10^{-7}$。
输出：低秩矩阵 L，噪声误差项 E。

步骤 1：用式(6.5)计算 L_{k+1}。
步骤 2：用式(6.6)计算 E_{k+1}。
步骤 3：用式(6.7)更新 u。
检查算法的终止条件 $\| X - L - E \|_{\infty} < \gamma$。

6.3.2　特征脸学习

给定字典 $D, D = [D_1, D_2, \cdots, D_n] \in R^{d \times l}$，$D_i \in R^{d \times n_i}$ 表示第 i 类人脸图像数据集，其中 $D_i = [d_1, d_2, \cdots, d_{n_i}]$。

通过主成分分析，得到平均脸：

$$m = \frac{1}{n} \sum_{i=1}^{n} d_i \tag{6.8}$$

则可以得到每幅人脸和平均人脸之间的距离：

$$N = [d_1 - m, d_2 - m, \cdots, d_{n_i} - m] \tag{6.9}$$

一组特征向量，也称为特征脸，由整体协方差矩阵的特征向量计算：

$$C = \sum_{i=1}^{n} \{(d_i - m)(d_i - m)^{\mathrm{T}}\} = NN^{\mathrm{T}} \tag{6.10}$$

由于 C 是一个 d 阶矩阵，d 要比 l 大，使用奇异值分解(SVD)计算复杂度高，可以将它转化为另一个 l 阶矩阵 $R = NN^{\mathrm{T}}$，这样可以大大降低计算复杂度，则可以得到：

$$N^{\mathrm{T}} N V = V \Lambda \tag{6.11}$$

其中：V 为特征向量矩阵，Λ 为特征值矩阵，在方程两边同时乘以 N，可以得到：

$$(NN^{\mathrm{T}}) N V = N V \Lambda \tag{6.12}$$

因此，正交特征矩阵 $C = NN^{\mathrm{T}}$ 可以从式(6.13)计算得到：

$$F = N V \Lambda^{\frac{1}{2}} \tag{6.13}$$

对于一个输入的测试样本 x_j，可以通过将一个权重向量投影到特征脸上来求权重向量：

$$q = F^{\mathrm{T}}(x_j - m) \tag{6.14}$$

调整式(6.14)中主成分的取值,可以实现对输入人脸图像的特征提取过程。

6.3.3　低秩结构特征支持的极限学习机人脸识别算法

极限学习机是典型的单隐层前馈神经网络(SLFNs),被广泛应用于分类和回归问题。与传统的神经网络模型不同,ELM 算法能自适应地设置隐层节点的数量,并随机分配输入权重和隐层节点数,然后将输出的权重通过最小二乘算法来解决。训练过程无须迭代,所以训练速度相对于传统的 BP 算法和支持向量机(SVM)算法显著提升。

$$L = \{(q_i, t_i) \mid q_i \in R^d, t_i \in R^m, i = 1, 2, \cdots, N\}$$

其中:$q_i = (q_{i1}, q_{i2}, \cdots, q_{id})^T \in R^d$,$t_i = (t_{i1}, t_{i2}, \cdots, t_{im})^T \in R^d$,$N$ 表示人脸图像的样本数,d 表示 x 的大小,m 表示人脸的类别数,k 表示 ELM 的隐藏节点数,隐层激励函数为 $f(x)$。

$$\sum_{j=1}^{K} \beta_j f_j(q_i) = \sum_{j=1}^{K} \beta_j f_j(w_j \cdot q_i + b_j) = o_i, \quad i = 1, 2, \cdots, N$$

$$(6.15)$$

其中:$w_j = (w_{j1}, w_{j2}, \cdots, w_{jd})$ 是隐层中的 j 个神经元和输入层的特征之间的权重,$\beta_j = (\beta_{j1}, \beta_{j2}, \cdots, \beta_{jm})^T$,$\beta_i$ 是第 i 个神经元和输出层之间的权值,$o_j = (o_{j1}, o_{j2}, \cdots, o_{jm})^T$,$o_i$ 是第 i 个输入所对应的目标向量,b_j 是第 i 个隐层中的偏差,$w_j \cdot q_i$ 表示向量的内集。

单隐层神经网络学习的目的是使得输出的误差最小,可以表示为

$$\sum_{i=1}^{\tilde{N}} \| o_i - t_i \| = 0 \qquad (6.16)$$

即存在 β_i、w_j、b_j,使得

$$\sum_{j=1}^{\tilde{N}} \beta_i f(w_j \cdot q_i + b_i) = t_j, \quad j = 1, 2, \cdots, N \qquad (6.17)$$

也可以表示为

$$\beta^T H = T \qquad (6.18)$$

$$H = \begin{bmatrix} f(w_1 \cdot q_1 + b_1) & \cdots & f(w_1 \cdot q_N + b_1) \\ f(w_2 \cdot q_1 + b_2) & \cdots & f(w_2 \cdot q_N + b_2) \\ \vdots & & \vdots \\ f(w_K \cdot q_1 + b_K) & \cdots & f(w_K \cdot q_N + b_K) \end{bmatrix}_{K \times N},$$

$$\beta = \begin{bmatrix} \beta_1^{\mathrm{T}} \\ \beta_2^{\mathrm{T}} \\ \vdots \\ \beta_K^{\mathrm{T}} \end{bmatrix}_{K \times m}, \quad T = [t_1, t_2, \cdots, t_N]_{m \times N}$$

Huang 等指出,如果隐藏节点的数目是足够的,则激活作用无限可微,而且不需要调整所有网络参数。在训练阶段,输入权重和隐层节点的偏差通过 SLFN 算法得到,根据参数和输入样本就可以计算出与隐藏节点连接的输入权重、输出矩阵。一旦输入权值 w_j 和隐层偏差 b_j 被随机确定,则隐层输出矩阵 H 被唯一确定,输出权值 $\tilde{\beta}$ 由式(6.19)得到:

$$\beta = \arg \min_{\beta} \| \beta^{\mathrm{T}} H - T \|_2^2 = H^* T \tag{6.19}$$

其中:H^* 是矩阵 H 的 Moore-Penrose 广义逆。

综上所述,低秩支持的极限学习机鲁棒性人脸识别算法总结如下。

算法 6.2　低秩支持的极限学习机鲁棒性人脸识别算法
输入:训练样本库 $D = [D_1, D_2, \cdots, D_n] \in R^{d \times l}$ 及其对应的标签类别集合 T 组成训练集,测试样本 x_j。
输出:人脸图像的类别属性 t_j。
训练部分
步骤 1:准备训练样本库 D 和对应的类别标签
步骤 2:建立极限学习网络结构,利用式(6.15)获得输出权值
测试部分
步骤 1:利用算法 6.1 获得的测试集经过低秩矩阵恢复后的人脸图像作为人脸识别的输出。
步骤 2:利用式(6.14)提取人脸图像表达特征。
步骤 3:利用训练阶段获得的网络结果预测的类别标签 t_j。

6.4　实验结果及分析

6.4.1　实验目的与原理

实验目的:通过与前沿人脸识别算法比较的实验,验证本书所提出的低秩支持的极限学习机鲁棒性人脸识别算法的实用性。

　　实验原理:在复杂的应用场景中,光照变化、遮挡和噪声变化等因素的干扰,使人脸识别性能降低。为了解决这一问题,本书提出了一种低秩子空间恢复支持的极限学习机鲁棒性人脸识别算法,首先利用训练样本子空间的约束性,将输入样本聚类到样本空间,其次利用低秩最小化获得对噪声鲁棒的结构化特征表达空间,最后将获得的低秩特征训练极限学习机的网络权值实现鲁棒性的人脸识别算法。本书的主要工作如下:①利用低秩最小化将存在光照、遮挡和表情变化等噪声的人脸图像分解成为低秩结构特征和稀疏误差项之和,实现人脸鲁棒性特征提取。②利用低秩结构特征约束极限学习机的训练和预测过程,在提升了极限学习机的识别鲁棒性同时,具有较低的计算复杂度。

6.4.2　实验条件及设备

　　实验软件环境:Windows XP 操作系统。

　　仿真工具:MATLAB 软件。

　　实验主要工具:极限学习机的人脸识别算法。

　　样本数据库:本次试验选取 AR 人脸图像数据库和 Extend Yale-B 人脸图像数据库作为数据集。AR 人脸图像数据库包括 100 个人共 2 600 幅人脸图像,每个人有 26 幅图像,每幅图像大小为 160×120 像素,有光照、表情和遮挡等的变化。Extend Yale-B 人脸图像数据库包括 38 个人共 16 128 幅人脸图像,每幅图像大小为 192×168 像素,有 9 种不同姿态和 64 种不同光照变化情况,在实验中,选择每个人 60 幅在不同光照变化下正面人脸图像,一共 2 280 幅人脸图像。

6.4.3　测试标准及实验方法

　　质量测试标准:识别率和时间复杂度。

　　实验方法:为了测试从低秩矩阵恢复实验、人脸识别算法实验和识别算法和深度学习算法对比实验三个方面展开,测试本书所提出算法在复杂条件下的算法性能

6.4.4　实验数据及处理

　　本次试验选取 AR 人脸图像数据库和 Extend Yale-B 人脸图像数据库作为数据集。AR 人脸图像数据库包括 100 个人共 2 600 幅人脸图像,

每个人有 26 幅图像,每幅图像大小为像素,有光照、表情和遮挡等的变化。Extend Yale-B 人脸图像数据库包括 38 个人共 16 128 幅人脸图像,每幅图像大小为像素,有 9 种不同姿态和 64 种不同光照变化情况。在实验中,选择每个人 60 幅在不同光照变化下正面人脸图像,一共 2 280 幅人脸图像。实验分别从低秩矩阵恢复实验、人脸识别算法实验和识别算法和深度学习算法对比实验三个方面展开,测试本书所提出算法在复杂条件下的算法性能。

6.4.4.1　低秩矩阵恢复实验

为了测试低秩矩阵恢复提取人脸特征的鲁棒性,首先设计了基于预分类的低秩人脸特征提取算法。受益于人脸训练样本的类别信息,在已知人脸识别样本类别信息的前提下,将测试图像进行预分类,首先从 AR 人脸图像数据库的每一类中随机选择 6 幅人脸图像,在 Extend Yale-B 人脸图像数据库的每一类中随机选择 20 幅作为训练集,剩余的所有图像作为测试集。预分类后的测试人脸和训练样本人脸图像构成新的数据集,进行低秩恢复实验,如图 6-3 所示,选取 8 幅有表情变化或者是遮挡的人脸图像低秩恢复的人脸图像,其中设置稀疏错误的百分比 $\lambda = 0.007$。

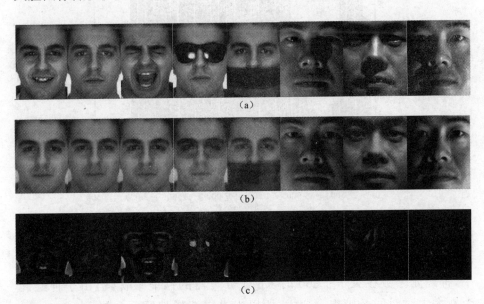

图 6-3　低秩矩阵恢复图像:

(a) 原始人脸图像;(b) 由(a)得到的低秩恢复图像;(c) 由(a)得到的稀疏误差图像。从左到右边,前 5 列为 AR 人脸图像数据库图像,后 3 张为 Extend Yale-B 人脸图像数据库图像

由图 6-3 可以看出,在预分类准确的前提下,低秩矩阵恢复算法能够成功地将原始图像的表情变化和遮挡去除,将原始图像转换为低秩图像和稀疏噪声图像之和,即能够有效地将存在表情变化和遮挡的噪声分离,进一步实验表明,即使预分类精度不高,低秩矩阵恢复算法对于遮挡的效果仍然很好。

6.4.4.2　人脸识别算法实验

1) 神经元个数对识别率的影响实验

ELM 是一种神经网络,它的特点是只需要通过设置神经元个数就可以完成训练过程,本次试验是为了得到使分类器性能达到最优的神经元个数参数。首先从 AR 人脸图像数据库的每一类中随机选择 6 幅人脸图像作为训练样本,其余的人脸图像经过低秩矩阵恢复后作为测试样本。图 6-4 为识别率随神经元个数变化的曲线。

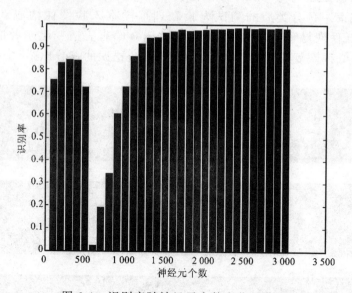

图 6-4　识别率随神经元个数变化的曲线

由图 6-4 可以看出,神经元个数过高或过低都会影响分类器的识别率,神经元个数在大于 1 600 时 ELM 分类器的性能最优,但由于神经元个数太大时时间开销也会变大,所以本书中选择神经元个数为 2 000。

2) 不同分类器下的识别率实验

为了研究训练样本对识别率的影响,本次实验从训练样本的特征维数来进行。用训练集作为训练样本,测试集经过低秩矩阵恢复后的人脸图像作为测试样本,对每幅人脸图像进行下采样,使每幅图像大小为45×50 像素,而且本次试验将图像在不同的分类框架下进行识别,在获得了一致的低秩人脸特征后,对比不同的分类器的算法性能,对比算法主要有 LSELM、LSRC[14]、LR + SVM、LR + NN、ELM、CRC[9]、SRC[8]、SVM[17]、NN[16],使用特征脸方法来降低人脸图像的特征维数,结果如图 6-5 所示。

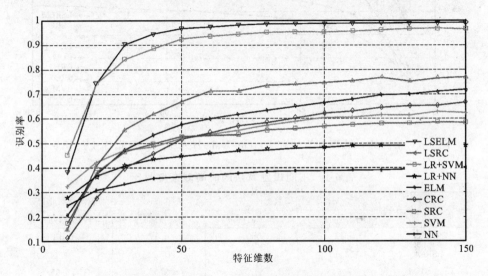

图 6-5　不同的人脸识别算法在 AR 人脸图像数据库上的识别率

由图 6-5 可以看出,随着特征维数的增加,识别率也逐渐增加,在不同特征维数下 ELM 的识别率明显高于 SVM、NN、SRC 的识别率,与 CRC 的识别率相当。ELM 分类器即使在样本数量少和特征维数少的情况下,依然表现出了较好的识别性能。在低秩矩阵恢复处理过后,将表情变化、遮挡等噪声分离,识别率明显提升很多。

由图 6-6 可以得到,随着特征维数的增加,识别率也在增加,在相同的特征维数下,LSELM 的识别率和 LSRC、LR + SVM 的识别率相当。在 Extend Yale-B 人脸图像数据库中人脸表情变化不大,没有遮挡的影响,同类别特征差异不大,只是略微有所提升。

在人脸识别中,分类效率也是一个很重要的组成部分,本次实验分别在 AR 人脸图像数据库训练图像为 6 幅和 Extended Yale-B 人脸图像数据库训练图片为 20 幅的情况下进行，特征维数都为 100，分别计算了不同识别框架下的识别时间、训练时间和识别率，结果如表 6-1 和图 6-7 所示。

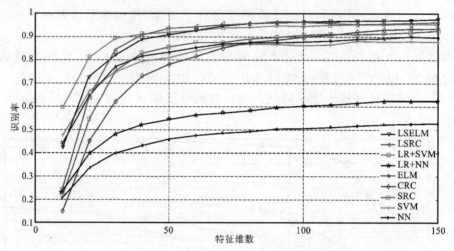

图 6-6　不同的人脸识别算法在 Extend Yale-B 人脸图像数据库上的识别率

表 6-1　不同识别算法的时间复杂度对比

方法	AR 人脸图像数据库		Extended Yale-B 人脸图像数据库	
	识别时间/s	训练时间/s	识别时间/s	训练时间/s
LSELM	0.14	0.07	0.17	0.13
LSRC	108.13	—	155.5	—
LR+SVM	27.54	34.12	3.95	13.65
LR+NN	5.92		8.05	—

由表 6-1 可以看出，在 AR 人脸图像数据库和 Extended Yale-B 人脸图像数据库中 LSELM 的识别时间是最短的，此时 LSELM 的训练时间分别为 0.07 s、0.13 s，加上识别时间仍然比其他分类器所花时间短，由图 7 可以看出 LSELM 在分类效率上具有优势，而且识别率也高于 LSRC、LR+SVM、LR+NN 的识别率。注意由于这些算法都是基于低秩矩阵恢复的，所以低秩矩阵恢复的时间没有列出来。考虑到特征提取也耗费时间，将低秩矩阵恢复的时间和 LBP 特征提取的时间进行比较，每幅图像所花的时间为 0.29 s 和 1.37 s，因此可以得知在实际应用中高效的 ELM 在测试和训练中是非常有利的。总体来说，低秩支持的极限

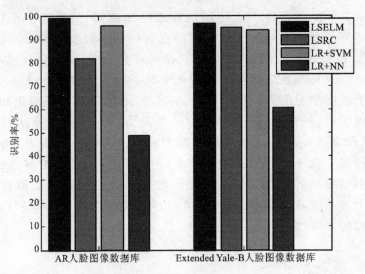

图 6-7　不同的人脸识别算法在不同数据库上的识别率

学习机人脸识别算法,有较好的识别鲁棒性,具有较低的计算复杂度。

6.4.4.3　识别算法和深度学习算法对比实验

近年来深度学习也广泛地应用到人脸识别中,为了研究算法识别的鲁棒性,LBP 特征在处理光照变化等因素上取得了良好的算法性能,本实验对比直接使用 LBP 特征算法进行对比,同时对比目前的深度学习算法 PCANet,从鲁棒特征提取和深度学习分类两个方面进行对比。实验配置为:AR 人脸图像数据库大小为 160×120 像素,用无表情和正面光照的人脸图像作为训练集,测试集则分为以下几种情况:表情变化、光照变化、有遮挡物和光照变化+遮挡物来做识别;Extended Yale-B 人脸图像数据库中大小为 160×120 像素,用无表情和正面光照的人脸图像作为训练集,有光照变化的作为测试集。

表 6-2　复杂条件下人脸识别算法性能对比

测试集	AR				Extended Yale-B
方法	光照变化	表情变化	遮挡物	光照变化 & 遮挡物	光照变化
LBP	0.935 8	0.815 6	0.913 5	0.795 8	0.758 1
PCANet	0.996 0	0.850 0	0.970 0	0.950 0	0.996 0
本章算法	0.998 5	0.847 0	0.972 5	0.958 7	0.970 1

　　表 6.2 为复杂条件下人脸识别算法的性能对比，从表中可以看出，LBP 特征在光照变化情况下能够获得良好的分类性能，但在遮挡和光照变化情况下算法性能下降，表明 LBP 特征在复杂变化情况下的表达能力有限。P-LBP 算法在遮挡和光照变化情况下的算法性能。PCANet 是典型的基于深度学习的人脸识别算法，相比 LBP 特征在光照变化和遮挡情况下获得了更好的特征表达能力和分类能力。本书提出算法在光照变化、遮挡和光照变化加遮挡三种情况下相比 PCANet 有提升，但是在表情变化情况下低于 PCANet 的识别率，但是仍然高于 LBP 算法性能，初步说明本书提出的低秩支持的极限学习机人脸识别算法能够获得与前沿深度学习基准算法相当的性能，进一步证明算法的有效率和在复杂条件下识别的鲁棒性。

6.4.5　实验结论

　　该算法首先利用人脸图像分布的子空间线性假设，将待识别图像聚类到相对应的样本子空间；其次将像素域分解为低秩特征子空间和稀疏误差子空间，依据图像子空间的低秩性对噪声鲁棒的原理，提取人脸图像的低秩结构特征训练极限学习机的前向网络；最后实现对噪声干扰鲁棒的极限学习机人脸识别算法。实验结果表明，相比前沿人脸识别算法，本章提出的方法不仅识别精度高且算法时间复杂度更低，具有较好的实用性。

参 考 文 献

[1] YOUSEF K M A, AL-TABANJAH M, HUDAIB E, et al. SIFT based automatic number plate recognition[C]. The 6th International Conference on Information and Communication Systems (ICICS), 2015:124-129.

[2] PANG Y, YUAN Y, LI X, et al. Efficient HOG human detection[J]. Signal Processing, 2011, 91(4): 773-781.

[3] BAY H, ESS A, TUYTELAARS T, et al. Speeded-up robust features(SURF)[J]. Computer Vision and Image Understanding, 2008, 110(3):346-359.

[4] AHONEN T, HADID A, PIETIKAINEN M. Face description with local binary patterns: Application to face recognition[J]. IEEE Transactions on Pattern Analysis and Machine Intelligence, 2006, 28 (12):2037-2041.

[5] TURK M A, PENTLAND A P. Face recognition using eigenfaces[C]. IEEE Computer Society Conference on Computer Vision and Pattern Recognition, 1991:586-591.

［6］BELHUMEUR P N，HESPANHA J P，KRIEGMAN D J. Eigenfaces vs. Fisherfaces：Recognition using class specific linear projection［J］. IEEE Transactions on Pattern Analysis and Machine Intelligence，1997，19(7)：711-720.

［7］HE X，YAN S，HU Y，et al. Face recognition using laplacianfaces［J］. IEEE Transactions on Pattern Analysis and Machine Intelligence，2005，27(3)：328-340.

［8］WRIGHT J，YANG A Y，GANESH A，et al. Robust face recognition via sparse representation［J］. IEEE Transactions on Pattern Analysis and Machine Intelligence，2009，31(2)：210-227.

［9］ZHANG L，YANG M，FENG X. Sparse representation or collaborative representation：Which helps face recognition?［C］. 2011 IEEE International Conference on Computer vision（ICCV），2011：471-478.

［10］JIANG J，HU R，WANG Z，et al. Noise robust face hallucination via locality-constrained representation［J］. IEEE Transactions on Multimedia，2014，16(5)：1268-1281.

［11］HINTON G E，SALAKHUTDINOV R R. Reducing the dimensionality of data with neural networks ［J］. Science，2006，313(5786)：504-507.

［12］CHAN T H，JIA K，GAO S，et al. PCANet：A simple deep learning baseline for image classification? ［J］. IEEE Transactions on Image Processing，2015，24(12)：5017-5032.

［13］AWRANGJEB M，LU G. Robust image corner detection based on the chord-to-point distance accumulation technique［J］. IEEE Transactions on Multimedia，2008，10(6)：1059-1072.

［14］DU H S，HU Q P，QIAO D F，et al. Robust face recognition via low-rank sparse representation-based classification［J］. International Journal of Automation and Computing，2015，12(6)：579-587.

［15］HUANG G B，ZHU Q Y，SIEW C K. Extreme learning machine：Theory and applications［J］. Neurocomputing，2006，70(1)：489-501.

［16］CANDÈS E J，LI X，MA Y，et al. Robust principal component analysis?［J］. Journal of the ACM （JACM），2011，58(3)：11.

［17］VEENMAN C J，REINDERS M J T. The nearest subclass classifier：A compromise between the nearest mean and nearest neighbor classifier［J］. IEEE Transactions on Pattern Analysis and Machine Intelligence，2005，27(9)：1417-1429.

第 7 章　基于图像超分辨率极限学习机的极低分辨率人脸识别算法

本书关注低质量、低分辨率的实际机器人视觉图像的超分辨率和增强问题,从低层次视觉的边缘分割出发,利用稀疏主成分分析方法自适应去除噪声,利用图像内容自适应感知分割的全局和局部阈值,提升传统基于阈值选择的自适应图像分割算法的效率与准确度,为机器人利用底层图像边缘等信息提供更为有效的来源。在此基础上,传统机器人视觉图像一般分辨率低,特别是实际图像不仅分辨率低而且图像质量低,直接利用传统的识别算法识别率急剧降低。本章提出基于图像超分辨率极限学习的图像识别算法,并在人脸识别任务上进行了验证,表明通过机器学习重建获得的高分辨率图像的识别率高于插值算法和原始高分辨率图像,初步证明本书所提出的极低分辨率机器人视觉识别的有效性和可行性。

7.1　引言

近几十年来,人脸识别技术被广泛应用于社会生活的各个方面,如公安部门刑侦破案的罪犯身份识别、银行和军事重地的自动门禁系统、网络的在线验证系统、机器人的智能化研究等。尤其是在非接触环境和不惊动被检测人的情况下,相比于其他识别技术,人脸识别技术的优越性则更加显著。人脸识别的整个过程一般分为四个步骤,即人脸图像预处理、人脸图像特征提取、人脸图像的特征表达以及人脸图像的分类,如图 7-1 所示。传统人脸识别算法假定输入的人脸图像具有较好的分辨率,然而在实际生活中,由于目标人脸常常与摄像设备距离较远,又受光照条件的变化,目标人脸的运动模糊以及设备自身的噪声等因素的影响,人脸图像往往尺寸小,分辨率低,噪声大,特征细节信息也极度有限,在传统的人脸识别算法下取得效果远远达不到人们所期待的结果。目前在极低分辨率下的人脸识别研究过程中主要面临以下几种问题:第一,特征细节信息少。特征信息是人脸图片识别的关键,低分辨率图片由于尺寸较小,质量较差,所包含的特征信息数量达不到识别的要求。第二,噪声多。光照的变化,人脸表情的不同以及设备自身噪声都会对识别工作带来影响,在极低分辨率下这一情况更为严重。第三,特征信息的匹配。极低分辨率图片的特征信息有限,如何有效地利用这些特征信息进行识别分类也是研究的一个难点。因此,如何解决极低分辨率下的人脸识别问题是目前的一个巨大的技术挑战[1]。

图 7-1　人脸识别的一般步骤

7.2　方法比较

目前,针对低分辨率下的人脸识别问题,许多学者提出了不同的看法[2]。总体来说,大致分为三类,如图 7-2 所示:第一种方法是将高分率图像下采样至与低分辨率图像相同的维数[3],然后对低分辨率图片进行分类表达。由于高分辨率图像下采样时会丢失大量的特征信息,下采样后提取有效特征信息更少且更加困难,所以这类方法取得的效果不是很理想。第二类方法是将高分辨率图像与低分辨率图像在相同的特征空间域中进行表达,这类方法面临两个问题,首先是如何确定合适的特征空间域,其次是极低分辨率图片在特征空间域中的特征信息是否足够用于分类处理。第三类方法是将低分率图像超分辨率重建,然后对重建后的高分辨率图像进行识别分类,目前,这类方法也是研究最为广泛的方法。

针对这类方法,首先要解决超分辨率重建问题,超分辨率重建主要分为两类方法:基于插值的方法和基于学习的方法。基于插值的方法是主要理论是基于模拟图像的形成过程。Baker 和 Kanade[4]指出这类超分辨率算法都是基于最一定的约束,当放大系数增加时,重建后得到的有

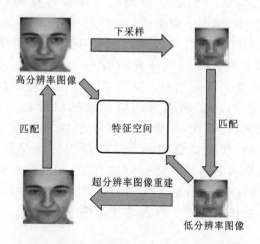

图 7-2　低分辨率下人脸识别的三类方法

用信息也随之减少。Lin 和 Sham[5] 根据摄动理论对放大系数给出了明确的界限。2011 年，Nasrollahi 和 Moesland[6] 通过分层算法将放大系数从 2 倍提升到了 4 倍。然而该方法存在一定的缺点，这类不包含先验信息的重建方法适用于局部合成，换言之适用于一般物体或者非人脸图像，噪声过大或者点扩散函数（PSF）的估计精度和校准精度过低时对超分辨率后的识别结果会产生很大的影响。基于学习的方法则是通过高、低分辨率图像之间内在的联系进行超分重建。这样，建立一个好的学习模型获得先验知识是这类学习方法的关键。Baker 和 Kanade[7] 提出了"人脸幻象"的概念。对人脸图像进行金字塔分解得到母结构，建立高低分辨率像素之间的关系，在 MAP 的框架下实现超分重建。Freeman 等[8] 提出了一种基于马尔可夫模型的超分辨率识别算法，对训练库中高分辨率图像与低分辨率图像间不同区域间的细节信息进行学习，然后利用学习到的关系预测低分辨率图片的细节信息。Yang 等[9] 提出了一种基于稀疏编码的学习方法对低分辨率图像进行超分重建，其主要特点是建立稀疏字典进行学习，然而由于使用线性规划求解，计算速度较慢。在此基础上，许多学者针对字典的学习以及算法速度的提升进行了优化。总体来说，基于先验信息学习的超分辨率重建算法重建时间长，但是在图片重建质量上要好于基于插值的超分辨率重建算法。

　　人脸图像超分辨率重建后，接下来对重建后的图像进行识别分类。好的分类方法能够最大限度地利用有限的特征信息对人脸图像进行识别。最直接的识别方法是最小邻近方法，计算出图像间欧氏距离，距离最小者为相同类类别。1991年,Turk和Pentland[10]提出了"Eigenface"方法,通过K-L变换得到特征脸空间,将人脸图像向特征脸投影后就可以得到人脸的代数特征矢量。Belhumeur等[11]在"Eigenface"基础上运用线性判别分析法(LDA)变换降维后的主成分,进一步缩小"类内散度"和扩大"类间散度"。20世纪90年代末,以支持向量机(support vector machines,SVM)为代表的基于统计理论的方法日益成熟,该方法[12]通过寻找最高分类超平面来得到稳定的泛化能力和较高的分类能力,但是该方法通常处理的是二分类事件,同时在寻找最优参数的同时需要消耗大量的时间进行参数调整和训练。2008年,Mairal等[13]将提出了稀疏表达分类(sparse representation classification,SRC)算法,通过构建过完备字典,求解出测试样本在字典上的最稀疏表示实现识别,虽然这类方法在识别率的性能上优于其他算法,但是构建稀疏字典非常费时。针对稀疏表示在图像分类中的是否起作用这个问题,Zhang等[14]提出了基于正则化最小二乘法的协作表达分类(collaborative representation classification,CRC)算法,实验表明CRC在识别率和SRC不相上下的基础下,处理速度有了很大的提升。人工神经网络也是人脸识别的主流方法之一,人工神经网络是由大量的处理单元相互连接而构成的网络系统,一般一个三层网络对应模式识别中图像输入、特征提取、分类三部分。常用的NNC模型有多层感知模型、BP网络、径向基函数等。SVM在某种程度上也借鉴了神经网络的思想。但是,传统的学习算法在训练网络中需要迭代所有的参数,速度远远不能满足实际需求。Huang等提出了一个极限学习机(extreme learning machine,ELM)算法[15],极限学习机算法解决了传统的单层前向神经网络的训练速度问题,仅仅只需要优化神经元个数,大大降低了传统神经网络的参数估计和优化的复杂度。与此同时,极限学习机在分类和回归计算领域表现出了良好的算法性能,拥有训练速度快和泛化能力好等优点。

本章提出了一种基于图像超分辨率极限学习机的极低分辨率人脸识别算法,该算法首先通过稀疏表达对极低分辨率图像进行超分辨率重建,解决了极低分辨率图像与高分辨率图像维数差异的问题,并在重建过程中借助了联合稀疏字典,进一步丰富了重建后图像的特征细节部分。极低分辨率图像在超分辨率重建后采用极限学习机的思想进行分类表达,仿真实验表明,这类算法不仅识别率高,在识别时间上也明显优于其他算法。

7.3　基于图像超分辨率极限学习机的极低分辨率人脸识别算法流程

　　极低分辨率下的人脸识别常常面临特征信息少和分类难两个问题。针对以上特点，本节提出基于图像超分辨率极限学习机的极低分辨率人脸识别算法。该算法包括了两个部分：基于稀疏表达的极低分辨率人脸的超分辨率重建和基于极限学习机的人脸识别，算法流程图如图7-3所示。基于稀疏表达的极低分辨率人脸的超分辨率重建通过稀疏编码得到稀疏表达系数相同的联合稀疏字典，接下来对极低分辨率图像在低分辨率字典下进行稀疏表示，得到稀疏表示系数，通过稀疏表示系数和高分辨率字典从而完成超分辨率重建；基于极限学习机的人脸识别首先通过样本图像对极限学习机进行训练，确定神经网络中的输出权重，然后输入测试样本图像集便可以完成人脸的分类识别。

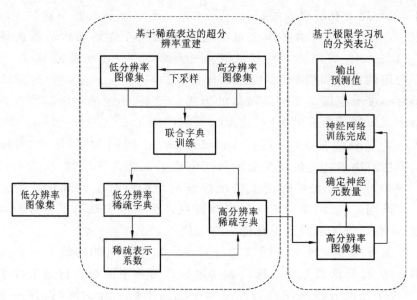

图 7-3　基于图像超分辨率极限学习机的极低分辨率人脸识别算法流程图

7.3.1 基于稀疏表达的极低分辨率人脸的超分辨率算法

为了丰富图像超分辨率重建后的特征细节信息,本书使用稀疏表达的思想对极低分辨率图像进行超分辨率重建。自然图像信号有稀疏性[16],通过稀疏编码后得到的基函数能够对图像进行表示。图像稀疏表示是将高分辨率图像中的高频细节信息作为原子构成冗余字典,并利用该字典对极低分辨率图像进行稀疏表示,从而进一步进行超分辨率重建。由于训练字典时获得了额外的先验信息,重建后就能得到较多细节信息的高分辨率图像。为了完成极低分辨率人脸图像的重建,首先需要高、低分辨率的稀疏表示冗余字典。

7.3.1.1 联合稀疏字典的重构算法

常用的稀疏表示的冗余字典分为解析字典和学习字典。解析字典通过数学模型构造,结构性较好,且计算方便。学习字典则需要通过机器学习获得,因此具有自适应的优点。比较经典的字典学习方法有最优方向法(method of optimal direction,MOD)、广义 PCA(generalized PCA,GPCA)算法、K 奇异值分解(K-SVD)算法。MOD 简单有效,但计算复杂;GPCA 算法可以自动检测字典中的原子个数,但是子空间个数需要根据经验设定,运算复杂度随着子空间的增加而增大。K-SVD 法收敛速度更快,抗噪性能也最好,但是计算量大,容易陷入局部最优。本书采用的是 K-SVD 算法。

K-SVD 算法是通过 K 次字典原子数目的奇异值分解实现。对于一组训练样本 $X=[x_1,x_2,\cdots,x_n]\in R^{n*p}$,$K$-SVD 算法的目的是找到一个冗余字典 $D\in R^{n*p}$ 和一个稀疏矩阵 $\alpha=[\alpha_1,\alpha_2,\cdots,\alpha_n]\in R^{n*p}$,使得下列目标函数取得最小值:

$$\underset{D,\alpha}{\arg\min} \| X-D\alpha \|_2^2 \text{ s. t. } \| \alpha \| < T, \forall i \tag{7.1}$$

其中:α 为 A 的第 i 列;T 为稀疏中非零分量的数目的上限。D 随机初始化为高斯矩阵,每一列做归一化处理。利用 D 求解出最优的稀疏系数 α。接下固定稀疏系数 α,更新字典 D。与 MOD 不同的是,字典 D 是逐列更新的。假设 D 与 α 都是固定的,逼近误差为

$$E = \| X-D\alpha \|_2^2 = \left\| X-\sum_{j\neq k}d_j\alpha_T^i-d_k\alpha_T^k \right\| = \| E_k-d_k\alpha_T^k \|_2^2$$

$$\tag{7.2}$$

其中:d_k 表示当前要更新的第 k 个元组,α_T^k 表示系数矩阵的第 k 个行向量。令 $w_k = \{i \mid 1 \leqslant i \leqslant K, \alpha_T^k(i) \neq 0\}$ 表示使用了第 k 个原子的线性集合。对于 E_k 中只属于 w_k 的列向量,组成 E_k^R,对 E_k^R 进行 SVD,即 $E_k^R = U\Delta V^T$。使用矩阵 U 的第一列更新字典原子 d_k,用矩阵 V 的第一列乘以 $\Delta(1,1)$ 来更新 w_k 对应的系数向量。这样就得到了稀疏字典 D 和稀疏表示系数 α。

为了约束高分辨率块和低分辨率块具有相同的稀疏表示,需要将高、低分辨率的图像特征块统一进行稀疏关联学习。为了实现 D_h 与 D_t 的稀疏表示系数 Z 相同,转化为求解问题:

$$\min_{\{D_h,D_l,Z\}} = \parallel X_c - D_c Z \parallel_2^2 + \lambda \parallel Z \parallel_1 \tag{7.3}$$

其中:D_l、D_h 为训练字典;$X_c = \begin{bmatrix} \dfrac{1}{\sqrt{N}} X^h \\[2mm] \dfrac{1}{\sqrt{M}} Y^l \end{bmatrix}$,$D_c = \begin{bmatrix} \dfrac{1}{\sqrt{N}} D_h \\[2mm] \dfrac{1}{\sqrt{M}} D_l \end{bmatrix}$,$X^h$、$Y^l$ 分别为高、低分辨率图像块集。N 和 M 分为高、低分辨率图像块转化为列向量的维数。根据 K-SVD 算法学习后就可以得到稀疏表达系数相同的高、低分辨率图像块的稀疏字典 D_l、D_h。

7.3.1.2　高分辨率重建正则化约束模型

建立高、低分辨率图像的稀疏字典后,对于低分辨率图像可以通过稀疏编码计算出对应的稀疏表示系数,通过稀疏表示系数和高分辨率字典就可以重建出高分辨率图像。然而,为了进一步提高图像的重构质量,需要在重建过程中添加一些正则化约束条件。

超分辨率重建是依次对每一个低分辨率图像块重建得到对应的高分辨率图像块,所以需要对局部正则化进行约束:

$$\min \lambda \parallel \alpha \parallel 1 + \frac{1}{2} \parallel \overline{D}\alpha - y \parallel_2^2 \tag{7.4}$$

其中:λ 是正则化系数,用于平衡解的稀疏度和低分辨率图像块之间的重建误差。$\overline{D} = \begin{bmatrix} FD_l \\ \beta PD_h \end{bmatrix}$,$\overline{y} = \begin{bmatrix} Fy \\ \beta w \end{bmatrix}$,$F$ 是特征提取操作符,P 是当前重建模块与已经重建部分的重叠区域,β 用于平衡重建误差与以重建部分的兼容性。通过式(7.4)可以求出最优解 α。根据 $x = D_h \alpha$ 就可以得出低分辨率图像块重建得到对应的高分辨率图像块。

在超分辨率重建过程中由于是对低分辨率块进行重建,容易产生块

效应。所以需要引入全局正则化约束后的目标函数

$$x = \underset{x_0}{\mathrm{argmin}} \parallel DBX_0 - I_L \parallel_2^2 \tag{7.5}$$

其中：D 代表下采样算子，B 代表模糊算子，X_0 代表通过字典重建得到的高分辨率图像的初始值，I_L 代表低分辨图像。

当重建图像得到真正的原始高分辨率图像时，$DBX_0 - I_L$ 的值为零。不为零时，则采用迭代反向投影模型（7.6）优化求解。直到目标函数小于一定阈值时，停止迭代。

$$X^{-1} = X_0 + B^{-1}D^{-1}(DBX_0 - I_L) \tag{7.6}$$

这样，基于稀疏理论的极低分辨率人脸的超分辨率算法总结如下。

算法 7.1　基于稀疏理论的极低分辨率人脸的超分辨率算法

输入：低分辨率图像 L。

输出：高分辨率图像 H。

第一步：训练得到高、低分辨率图像字典 D_l、D_h。

第二步：将低分辨率图像插值放大为大尺寸高分辨率图像 LR。

第三步：提取低频成分 m 与高分辨率图像 LR 的图像特征，并对图像特征做重叠分块处理。

第四步：求出图像特征块在 D_l 下的稀疏表示系数 α。

第五步：求出该特征块对应的 HR 图像块的高频成分 x。

第六步：将 x 叠加到相应低频成分 m 放置 HR 相应位置。

第七步：判断是否满足两类约束条件，若是，则重建完毕，若不是，则返回第四步。

7.3.2　基于极限学习机的人脸分类算法

在前文深入研究了如何把极低分辨率图像重建为特征细节更加丰富的高分辨率图像。接下来对图像进行识别处理。识别之前，需要对图像集进行特征提取，特征提取采用经典的 PCA 算法，这里不做详述。分类采用极限学习机的思想，如图 7-4 所示，极限学习机是一种单层人工神经网络，与传统神经网络不同的是该算法在训练过程中只需要设置网络中的隐层节点个数，不需要调整网络的输入权值和隐层偏置，降低了传统神经网络的参数估计和优化的复杂度。

对于给定的待分类的矩阵 $X = \{(x_i, t_i) \mid x_i \in R, t_i \in R^m, i = 1, 2, 3, \cdots, n\}$，其中 t_i 是该行的特征类别，x_i 是 $m \times 1$ 的该类别的特征信息，激

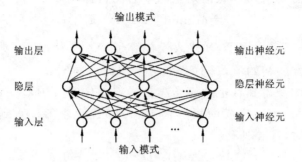

图 7-4　极限学习机网络结构

活函数 $g(x)$ 和隐层神经元个数 $\widetilde{N}$，其数学公式表达为

$$\sum_{i=1}^{\widetilde{N}} \beta_i g(w_i \cdot x_j + b_i) = o_j, \quad j = 1,2,\cdots,N \tag{7.7}$$

其中：w_i 是隐层中的 i 个神经元和输入层的特征之间的权重，b_i 是第 i 个隐层中的偏差，β_i 是第 i 个神经元和输出层之间的权值，o_j 是第 j 个输入所对应的目标向量，$w_i \circ o_j$ 表示向量的内积。

单隐层神经网络学习的目标是使得输出的误差最小，可以表示为

$$\sum_{j=1}^{\widetilde{N}} \| o_j - t_j \| = 0 \tag{7.8}$$

即存在 β_i、w_i 和 b_i，使得

$$\sum_{j=1}^{\widetilde{N}} \beta_i g(w_i \cdot X_j + b_i) = t_j, \quad j = 1,\cdots,N \tag{7.9}$$

可以表示为 $H\beta = T$，其中 H 为隐层节点的输出，β 为输出权重，T 为期望输出。

$$H(W_1,\cdots,W_{\widetilde{N}},b_1,\cdots,b_{\widetilde{N}},X_1,\cdots,X_{\widetilde{N}}) = \begin{bmatrix} g(W_1 X_1 + b_1) & \cdots & g(W_1 X_1 + b_{\widetilde{N}}) \\ g(W_1 X_N + b_1) & \cdots & g(W_1 X_N + b_{\widetilde{N}}) \end{bmatrix} N \times \widetilde{N} \tag{7.10}$$

$$\beta = \begin{bmatrix} \beta_1^{\mathrm{T}} \\ \vdots \\ \beta_{\widetilde{N}}^{\mathrm{T}} \end{bmatrix} \widetilde{N} \times m, \quad T = \begin{bmatrix} T_1^{\mathrm{T}} \\ \vdots \\ T_{\widetilde{N}}^{\mathrm{T}} \end{bmatrix} \widetilde{N} \times m \tag{7.11}$$

为了训练单隐层神经网络，希望得到 $\hat{w}_i$、$\hat{b}_i$、$\hat{\beta}_i$，使得

$$\| H(\hat{w}_i, \hat{b}_i)\hat{\beta}_i - T \| = \min_{W,b,\beta} \| H(\hat{w}_i, \hat{b}_i)\hat{\beta}_i - T \| \tag{7.12}$$

其中, $i=1,\cdots,L$, 这等价于最小化损失函数

$$E = \sum_{j=1}^{N} \left[\sum_{i=1}^{L} \beta_i g(w_i \cdot X_j + b_i) - t_j \right]^2 \tag{7.13}$$

由上可知, 一旦输入权重 w_i 和隐层偏置 b_i 被随机确定, 则隐层的输出矩阵 H 就被唯一确定。训练单隐层神经网络可以转化为求解一个线性系统 $H\beta=T$ 。并且输出权重 β 可以被确定 $\hat{\beta}=H^{\div}T$ 。其中, $H^{\div}$ 是矩阵 H 的 Moore-Penrose 广义逆。且可证明求得的解 $\hat{\beta}$ 的范数是最小的并且唯一。

确定输出权重后极限学习机训练完成, 输入测试图像集后就可以得到测试图像集的预测编号, 完成分类过程。

算法 7.2　基于超分辨率极限学习机的人脸识别算法

输入:低分辨率图像 x , 人脸图像库 X 。

输出:人脸图像的类别属性 t 。

训练阶段

步骤 1:准备训练人脸图像库 X 和对应的类别标签。

步骤 2:建立极限学习网络结构, 利用式(7-9)获得输出权值。

测试阶段

步骤 1:利用算法 7.1 获得低分辨率图像的高分辨率图像作为人脸图像识别的输出。

步骤 2:提取人脸图像表达特征。

步骤 3:利用训练阶段获得的网络结构预测输入图像的类别标签 t 。

7.4　实验结果与分析

7.4.1　实验目的与原理

实验目的:通过仿真人脸图像超分辨率实验, 验证本章提出的基于图像超分辨率极限学习机的极低分辨率人脸识别算法的有效性与性能。

实验原理:对于低质量低分辨率的实际机器人视觉图像的超分辨率和增强问题, 从低层次视觉的边缘分割出发, 利用稀疏主成分分析方法自适应去除噪声, 利用图像内容自适应感知分割的全局和局部阈值, 提升传统基于阈值选择的自适应图像分割算法的效率与准确度, 为机器人

利用底层图像边缘等信息提供更为有效的来源。在此基础上，传统机器人视觉图像一般分辨率低，特别是实际图像不仅分辨率低而且图像质量低，直接利用传统的识别算法识别率急剧降低，本章提出了基于图像超分辨率极限学习的图像识别算法，并在人脸识别任务上进行了验证，表明了通过机器学习重建获得的高分辨率图像的识别率高于插值算法和原始高分辨率图像，初步证明了本书所提出的极低分辨率机器人视觉识别的有效性和可行性。

7.4.2　实验条件及设备

实验环境：智能实验室。

实验软件环境：Windows 7 操作系统。

仿真工具：MATLAB 软件。

实验主要工具：开发的基于图像超分辨率极限学习机的极低分辨率人脸识别算法。

样本数据库：选取 ATT 人脸数据库作为人脸数据集。ATT 人脸数据库共包含 400 幅图像，其中包括 40 个人，每个人有 10 幅人脸图像，每幅图大小为（112×92）像素，图像光照强度和光照方向类似，人脸表情和姿势有少许变化，尺度整体差异约 10% 左右。将原始图像下采样 10 倍得到实验所需低分辨率人脸图像，大小为（10×9）像素。为了使超分辨率重建后图像维数一致，将原始高分辨率人脸图像转化为（100×90）像素图像作为实验高分辨率图像。

7.4.3　测试标准及实验方法

测试标准主要分为主观图像质量测试标准和客观质量测试标准。

客观质量测试标准：峰值信噪比（PSNR），结构相似性度量（SSIM）。

实验方法：为了测试基于图像超分辨率极限学习机的极低分辨率人脸识别算法的性能提升，采取仿真实验的方法进行实验测试。为了验证基于图像超分辨率极限学习机的极低分辨率人脸识别算法的有效性，以及本章算法重建的优越性，本书给出了在不同条件下与对比算法的识别率。其中 NN（最小邻近距离）算法是根据图片间的欧式距离对图片类别进行判断，SVM（支持向量机）算法通过对两两对比进行类别判断，SRC（稀疏表达分类）算法通过建立稀疏字典，求解出系数表达系数与字典合成值,比较合成值与输入信息进行类别判断。CRC(协作表达分类)算法通过求解协作表达系数,通过协作表达系数计算类别残差对类别进行判别。

7.4.4　实验数据及处理

7.4.4.1　基于稀疏编码的超分辨率重建实验

实验分为稀疏字典训练和低分辨率重建两个过程。稀疏字典训练参数设置:稀疏正则化参数值为 0.15,采样块数量值为 100 000,块大小为 5×5,下采样参数为 10。分别得到 25×100 维数的低分辨率稀疏字典和 100×512 维数的高分辨率稀疏字典。超分辨率重建参数设置:稀疏正则化参数值为 0.2,图像块重叠数量值为 4,最大迭代次数为 20。

为了验证基于稀疏编码的超分辨率重建具有良好的重建效果,实验结果选取重建后的 PSNR 值和 SSIM 值作为客观评价参数。对比算法为双三次插值法(bicubic interpolation,BI)。图 7-5 为两种重建算法重建效果对比。图 7-6 和图 7-7 给出了两种算法下的 400 幅重建人脸图像的 PSNR 值与 SSIM 值对比图。

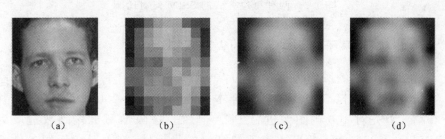

（a）　　　　　　（b）　　　　　　（c）　　　　　　（d）

图 7-5　两种重建算法重建结果对比图

(a)原始图像素 100×90;(b)低分辨率图像 10×9;(c)Bicubic 算法重建图像 100×90;

(d)本章算法重建图像 100×90

从图 7-5 中可以看出,高分辨率图像下采样后图片大小明显减小,清晰度大为降低,从视觉上已经不能根据人脸进行判断。经过超分辨率重建后,人脸细节部分得到了一定改善,相对于双三次插值法,基于稀疏重建的方法的人脸部分轮廓更为清晰。根据 400 幅低分辨率人脸图像重建后的 PSNR 值和 SSIM 值曲线变化图也可以清晰直观地反映出本章算法比双三次插值法重建效果更好。

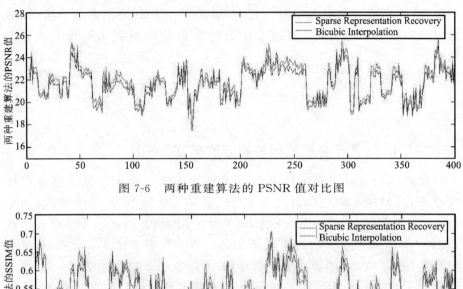

图 7-6　两种重建算法的 PSNR 值对比图

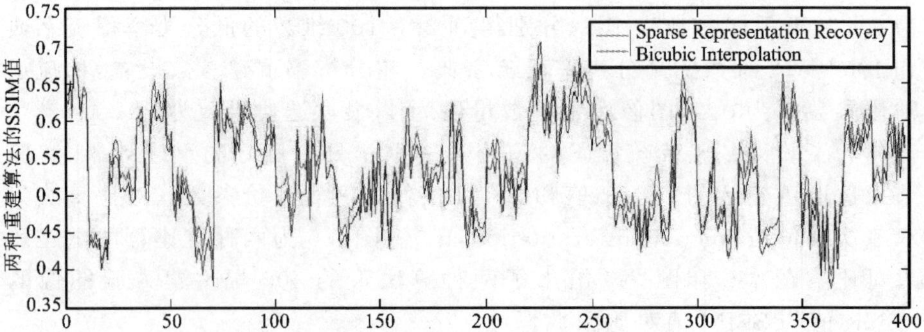

图 7-7　两种重建算法的 SSIM 值对比图

7.4.4.2　基于极限学习机的人脸识别

本实验选取的图像为重建后的 400 幅人脸图像。每幅人脸随机选取 5 幅作为测试样本,5 幅作为训练样本。测试样本共 200 幅,训练样本共 200 幅。首先对 400 幅图像进行 PCA 降维。极限学习机核函数选取为 "RBF_kernel"。为了验证本章重建算法的优越性,给出了在不同条件下 与对比算法的识别率比较图。其中 NN(最小邻近距离)算法是根据图片 间的欧氏距离对图片类别进行判断;SVM(支持向量机)算法通过对两两 对比进行类别判断;SRC(稀疏表达分类)算法通过建立稀疏字典,求解出 系数表达系数与字典合成值,比较合成值与输入信息进行类别判断; CRC(协作表达分类)算法通过求解协作表达系数,通过协作表达系数计 算类别残差对类别进行判别。

不同样本集数量下的识别率和识别性能:为了测试上述几种算法在 不同样本集数量下的识别率和识别性能,每个人分别选取 3～9 幅图像作为训练样本。PCA 降维至 100 维，极限学习机神经元个数设置为 200。图 7-8 为不同样本集数量下的几种对比算法的识别率对比图，图 7-9 为不同样本集数量下的几种对比算法的训练时间对比图，图 7-10 为不同样本集数量下的几种对比算法的识别时间对比图。

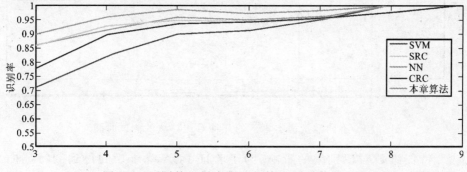

图 7-8　不同数量样本集下的算法识别率对比图

从图 7-8 可以得出以下结论，随着训练样本的数量的增加，人脸图像的识别率也随之增加。在训练样本集较少的情况下，各个算法的分类能力得到了很大的限制，SVM 解决的是二分问题，只有在样本集足够的情况下才能获得高分类能力。本章算法在训练样本集较少的情况下依然得到了较高的识别率。说明在低样本集下本章算法相比于其他算法更为优越。

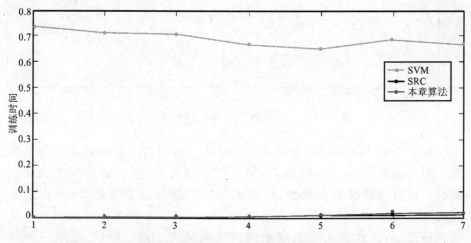

图 7-9　不同数量样本集下的几种对比算法的训练时间对比图

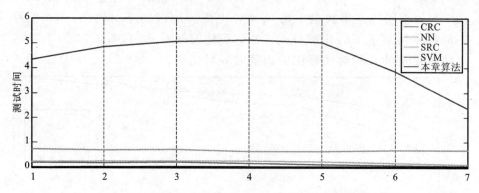

图 7-10　不同数量样本集下的几种对比算法的测试时间对比

　　特征维数对识别率的影响:为了验证 PCA 降维后的得到的特征向量维数对于识别率的影响,每个人选取 5 幅人脸图像训练,5 幅人脸图像测试。训练样本共 200 幅,测试样本共 200 幅。特征向量维数从 10 取到 150,每 10 个为一个间隔点。图 7-11 为不同维数下的算法识别率对比图。

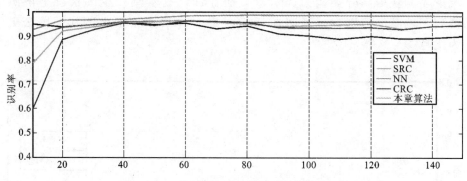

图 7-11　不同维数下的算法识别率对比图

　　从图 7-11 可以看出,本章算法在维数一致的情况下取得的识别率最高。另外从图 7-11 可以看出,当特征维数过低时,图片的识别率会受到影响。随着特征维数的增加,识别率曲线开始会呈上升趋势,当识别率曲线达到峰顶时,随着特征维数的增加,本章算法和 NN 算法识别率依然保持稳定,其他算法的识别率曲线反而随之下降。所以,选取一个合适的特征维数值对一个算法的识别性能有着重要的作用。为了判断本书算法在其他算法在维数取得最优值时仍识别率最佳,选取各个算法在不同特征维数下的得到的最优识别率如表 7-1 所示。

表 7-1　不同维数下各个识别算法的最高识别率

算法	SVM	SRC	NN	CRC	本章算法
识别率	0.960	0.970	0.960	0.965	0.985

神经元个数对识别率的影响：为了验证超分辨率重建方法和神经元个数对于识别率的影响，保持训练人脸图像样本 200 幅，测试人脸图像 200 幅不变，神经元个数从 5 增加到 200，每 5 个为一个间隔点。采用本章提出的基于极限学习机的识别算法进行分类。图 7-12 为不同超分重建算法和神经元个数下的识别率对比图。

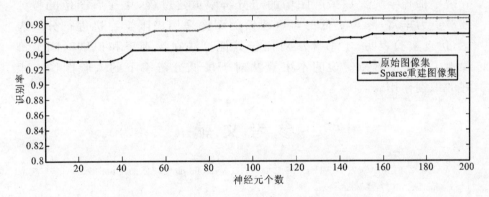

图 7-12　不同神经元个数下的识别率对比图

7.4.5　实验结论

7.4.5.1　基于低秩约束的极限学习机高效人脸识别算法研究结论

在复杂的应用场景中，往往会由于光照变化、遮挡和噪声变化等因素的干扰，使人脸识别性能降低，本章提出了一种基于低秩子空间恢复约束的极限学习机鲁棒性人脸识别算法。该算法首先利用人脸图像分布的子空间线性假设，将待识别图像聚类到相对应的样本子空间；其次通过低秩矩阵恢复将矩阵分解为低秩矩阵和稀疏误差矩阵，依据图像子空间的低秩性对噪声鲁棒的原理，提取人脸图像的低秩结构特征训练极限学习机的前向网络，最后实现对噪声干扰鲁棒的极限学习机人脸识别算法。实验结果证明，本书算法在识别率和识别时间上都优于其他对比算法,表明本书算法有较好的实用性。

7.4.5.2 基于图像超分辨率极限学习机的极低分辨率人脸识别算法研究结论

极低分辨率下的人脸图像噪声多、特征信息少,而作为样本对比图像往往分辨率较高,二者也存在着维数的差异。因此,对极低分辨率下的人脸进行识别也更加困难。为了解决这一问题,本章提出了一种基于极限学习机的极低分辨率人脸识别算法。该算法分为基于稀疏表达的极低分辨率人脸的超分辨率重建和基于极限学习机的分类表达两个部分。基于稀疏表达的极低分辨率人脸的超分辨率重建首先建立高、低分辨率稀疏联合字典,借助低分辨率稀疏字典求出稀疏表达系数,对比高分辨率稀疏字典完成人脸图像的超分辨率重建过程,重建后图像的特征细节更为丰富,噪声更低。对重建后的图像采用极限学习机进行分类表达,仿真实验表明,本书算法对比于其他算法在识别率和识别时间上都取得了很好的效果。说明本书算法对于极低分辨率下的人脸图像有很好的识别作用。

参 考 文 献

[1] WANG Z F, MIAO Z J, WU Q M J, et al. Low-resolution face recognition: A review. Visual Computer,30(4):359-386.

[2] LI B,CHANG H,SHAN S G,et al. Low-resolution face recognition via coupled locality preserving mappings[J]. IEEE Signal Processing Letters,17(1):20-23.

[3] PARK J S, LEE S W. An example-based face hallucination method for single-frame, low-resolution facial images [J]. IEEE Transactions on Image Processing A Publication of the IEEE Signal Processing Society,2008,17(10):1806-1816.

[4] BAKER S,KANADE T. Limits on super-resolution and how to break them[J]. IEEE Transactions on Pattern Analysis & Machine Intelligence,2002,24(9):1167-1183.

[5] LIN Z C,SHUM H Y. Fundamental limits of reconstructionbased super-resolution algorithms under local translation[J]. IEEE Transactions on Pattern Analysis & Machine Intelligence,2004,26(1):83-97.

[6] NASROLLAHI K, MOESLUND T B. Extracting a good quality frontal face image from a low-resolution video sequence[J]. IEEE Transactions on Circuits & Systems for Video Technology,2011, 21(10):1353-1362.

[7] BAKER S,KANADE T. Hallucianting faces. In:Proc. IEEE 4th Int. Conf. on Automatic Face and Gesture Recognition(FG),Grenoble,France,2000:83-88.

[8] FREEMAN W T,PASZTO E C,FREEMAN W T,et al. International Journal of Computer Vision, 2000,40(1):25-47.

［9］ YANG J，WRIGHT J，HUANG T，et al. Image super-resolution as sparse representation of rawimage patches ［C］. IEEE Conference on Computer Vision and Pattern Recognition. 2008；1-8.

［10］ TURK M，PENTLAND A. Eigenfaces for recognition［J］. Journal of Cognitive Neuroscience，1991，3 (1)；71-86.

［11］ BELHUMEUR P，HESPANHA J，RIEGMAN D K. Eigenfaces vs. Fisherfaaces；Recognition using class specific linear projecton［J］. IEEE Transactions on Pattern Analysis and Machine Intelligence，1997，19(7)；711.

［12］ DRUCKER H，BURGES C J C，KAUFMAN L，et al. Support vector regression machines. Advances in Neural Information Processing Systems 9，NIPS，1996；155-161.

［13］ MAIRAL J，BACH F，PONCE J，et al. Supervised Dictionary Learning. In Neural Infomation Processing Systems(NIPS)，2008.

［14］ ZHANG L，YANG M，FENG X. Sparse representation or collaborative representation；Which helps face recognition? ［C］. Computer Vision（ICCV），2011 IEEE International Conference，2011；471-478.

［15］ HUANG G B，ZHU Q Y，SIEW C K. Extreme learning machine；Theory and application［J］. Neurocom-Puting，2006，70；489-501.

［16］ OLSHAUSEN BA，FIELD DJ. Emergence of simple-cell receptive field properties by learning a sparse code for natural images［J］. Nature，1996，381(6583)；607-609.

第 8 章 基于云计算的刑侦图像增强服务框架

随着平安城市工程在全国范围内的推广,越来越多的监控摄像头被安装到各企事业单位和小区的重要部位,保障人们的生命和财产安全。针对视频侦查技术的瓶颈问题,本书开展在实际监控环境下的人脸图像超分辨率研究,相比传统人脸超分辨率算法,提升在实际噪声环境下的主客观图像重建质量,进而为刑事侦查技术提供有力的技术保障。首先,针对实际刑侦工作中资源分散、深度应用技术门槛高、视频检索难等问题,研究和开发了视频侦查比对系统。从刑侦业务入手,研究以视频图像增强技术为代表的视频图像处理方法,获得了较好的实际应用效果。其次,在视频刑侦比对系统的基础上,构建以刑侦图像资源中心为基础的刑侦图像增强云服务平台框架,将各种数字刑侦资源进行整合,以人脸超分辨率图像处理为示例,提供刑侦图像增强服务,并开发出了在移动终端能够快捷应用的刑侦图像增强云服务平台,提供刑侦图像超分辨率服务。最后,总结了本系统近年来在公安实战中的应用情况。表明本书所提出的人脸超分辨率算法具有较好的实用性和扩展性,适合在刑侦工作中进行推广和应用,具有较好的科学研究价值和社会效益。

8.1　引言

我国正处在社会转型的关键时期,国家安全形势越来越严峻。国家先后投入 3 000 亿元在 660 个城市实施平安城市视频监控工程,视频监控系统越来越广泛地应用到城市安全管理领域,案发现场的监控视频资料包含重要的侦查线索,视频侦查技术越来越受到警方的重视与依赖,以图像处理技术为核心的刑事视频侦查技术迅速成为公安四大支撑技术手段之一。

　　然而,由于监控设备、光照条件等多方面的原因,从监控视频资料难以直接辨认嫌疑对象进而锁定目标。根据公安刑侦部门给出的统计,相当比例大案要案发生在夜里,由于光照条件和成像设备的限制,获得的嫌疑目标难以辨识清楚,给侦查工作带来了困难。一般来说,现有视频资料表现出如下特点:视频图像分辨率低、散焦模糊、运动模糊、图像压缩、对比度弱,强光干扰、光照不足、噪声掩盖真实物证、细节不清等,而这样的视频资料严重影响了图像取证工作,大大降低了办案效率,成为制约刑侦业务开展的瓶颈问题。在现有平安城市建设的基础上,海量的城市监控视频数据给刑事侦查工作带来了新的工作手段。与此同时,这些海量的非结构化视频数据难以进行识别和检索,因此对于视频数据的处理变成刑侦领域的一个新的技术挑战。为此,公安部门亟须通过技术攻关,获得监控视频侦查业务的技术工具,进而提升刑侦工作的效率,保障人民群众的生命财产安全。

　　为了给公安刑侦工作提供充分的技术支撑,利用现有的网络通信技术和图像处理技术,建立刑侦监控业务基础数据平台框架,并在此基础上提供刑侦图像增强云服务,将会有效地提升现有刑事侦查技术的实用性和时效性。

8.2　刑侦业务的核心需求与技术问题

　　公安部门通过监控视频资料锁定犯罪嫌疑人,其主要目的是根据案发现场的视频获得犯罪嫌疑人从事犯罪活动的轨迹和证据用以作为法庭物证。因此,对于犯罪嫌疑人身份的确定是刑侦业务的核心需求。刑侦业务系统的主要需求在于对视频内容进行识别、案件管理、目标嫌疑人图像辨识、重要法律证据图像存档等。

　　为了解决在实际刑侦工作中的瓶颈问题,从 2008 年以来,本项目组承担了多项省部级项目的研究,针对视频侦查技术中的低分辨率人脸超分辨率增强技术开展了深入研究,研究了实际监控场景下的低分辨率图像的降质过程与机理,开展了相关的理论研究和实际应用。并开发了相关的产品,目前该产品已经在武汉市刑侦局、襄樊刑侦局、洛阳刑侦局等公安机关得到了应用,在 6 起重大刑事案件的侦破工作中发挥了关键性的技术支撑作用。

　　为了满足刑侦业务核心需求，目前面向刑侦图像处理的软件产品比较多。国外的产品如美国 Cognitech（识慧）模糊图像、模糊视频处理系统和荷兰影博士模糊影像处理软件；国内的由北京多维视通技术有限公司与中国科学院自动化研究所联合开发的警视通数字影像分析平台。这些刑侦软件都实现了对刑侦视频和图像的基本处理功能，在实际的案件中发挥了重要作用。和已有的刑侦软件对比，单纯的单机版软件已经无法适应现在网络环境的办案需求，另外，现有的刑侦软件的主要功能集中在传统的图像增强领域，使用的是传统信号处理的经典技术手段；而且这些软件缺乏对特定目标的分析能力，如人脸。现有的刑侦业务软件存在如下不足：

　　（1）图像处理方法无法利用先验信息。现有软件只能利用传统图像恢复的方法对监控人脸图像进行处理，这些方法虽然能够处理散焦、运动和噪声等普通图像模糊问题，但是无法利用监控场景的特性和后验图像所提供的更准确的先验信息，因此图像处理方法的效果有限。

　　（2）人脸恢复方法处理监控环境噪声的能力不足。警视通软件具有人脸图像处理功能，但是其处理方法的适用范围小，对于光照条件好、较清晰的人脸图像放大效果好，而当监控环境中光照不足，存在较强的噪声和模糊干扰的情况下，该软件的人脸图像恢复算法不能满足实际刑侦应用需求。

　　（3）应用模式难以保证超分辨率应用质量。人脸超分辨率技术能够利用人脸样本图像重建出与原始低分辨率人脸图像最相似的高分辨率人脸图像，可以有效增强低质量人脸图像的分辨率，恢复人脸特征细节信息，这对于提高人脸图像清晰度，增加人脸辨识准确性，进而提高公安机关破案率具有重要意义。但是人脸超分辨技术往往需要人工进行图像的前处理，如图像尺寸、亮度、对比度的调整，图像特征点的对齐等，这些前处理往往需要专业人员操作，使得人脸超分辨率的大规模使用面临着专业培训的难题。

8.3　基于云计算的刑侦图像资源中心构架

　　视频监控资料与日俱增，数字化的刑侦资源日益丰富，然而现有的刑侦业务模式无法满足刑侦工作中的时效性要求，一方面大量的监控资源无法快速得到检索利用，另一方面由于缺乏足够的技术能力，普通侦查员难以从低质量图像资料中获取有效的线索资源。随着刑侦工作数字化、视频监控设备与图像处理工具普及,利用现有的技术将分散在各地的、不联通的刑侦资源进行管理和应用已经成为刑侦业务的内在需要。从技术手段来看,利用云计算框架组建刑侦图像资源中心已经变得可行。本书在已开发成功的刑事图像分析仪的基础上,构建基于服务的云计算刑侦图像资源中心,通过专网将分散在各地的刑侦图像资源集中管理应用,开发刑侦业务服务平台,提供刑侦业务服务。具体来说包括:刑侦图像增强服务平台、视频分析比对平台、案件管理平台。刑侦图像资源中心的系统结构如图 8-1 所示。

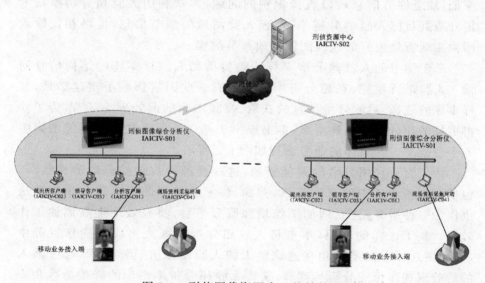

图 8-1　刑侦图像资源中心的结构图

图中根据实际需要,部署刑侦图像综合分析仪提供案件视频标注、串并案管理、图像增强处理等工具。与此同时,将多刑侦图像综合分析仪级联组成刑侦云平台,提供刑侦图像服务,系统中服务端包含的功能有:

（1）响应客户端（业务客户端）发来的图像数据处理请求。

（2）完成相应处理后,回送处理结果和数据给客户端。

（3）根据案发现场获得的后验信息,如设备条件参数等指标对目标图像增强进行优化。

8.4　刑侦图像增强服务平台框架

在提出了基于云计算的刑侦资源中心框架的基础上，将包括本书研究的人脸超分辨率算法在内的图像增强软件集中在云端，通过搭建的刑侦云服务环境，对公安刑侦客户提供图像增强服务。

人脸是进行身份识别最直观和简便的方式，是对犯罪嫌疑人最直接而有效的物证之一。因此，针对实际监控视频中嫌疑目标人脸图像分辨率低，缺乏细节信息难以直接识别的问题，本章利用人脸超分辨率技术提升嫌疑目标人脸的分辨率，增强人脸图像的细节信息，提供相比输入图像主观质量更好的人脸图像供侦查员辨别。

基于学习的人脸超分辨率算法需要借助人脸样本库的结构信息对输入人脸进行重建，在超分辨率过程中有一些因素影响了重建结果，如样本库的选择、后验环境信息的获取、视频图像的前处理等环节，为了获得更好的超分辨率重建结果，本书提出了基于云服务的刑侦图像增强服务平台框架。其具体的业务流程如图 8-2 所示。

为了充分利用分散的刑侦资源，这些资源不仅包括分散的视频，还包括在刑侦业务中的有效工具，例如，将专业性强的人脸超分辨率算法也作为一种服务，建立刑侦图像增强服务平台，将有效地提高刑侦工作效率。基于这样的思路，本书将人脸超分辨率算法集成到刑侦资源中心，利用这种大案要案和在逃嫌疑人的人脸图像进行样本库，通过输入的后验现场图像的分析与理解，获得人脸超分辨率图像的降质参数和表达字典，然后进行输入低质量人脸图像的超分辨率重建。本书所提出的面向刑侦应用的图像增强服务平台是分布式的服务平台，可以通过终端甚至是专网联接的移动终端进行接入服务。

本书以移动终端智能手机为例，搭建了基于云计算的刑侦图像增强服务平台的验证算法。主要的业务流程如下：首先根据移动终端的服务请求，向服务器发送待处理图像和相关的图像处理要求。如图 8-2 中的手机终端的输入人脸图像，就是一种典型的移动终端输入情况，基于网络的服务平台扩展了刑侦图像处理的应用范围，方便了在办案过程中的目标嫌疑图像快捷地进行超分辨率增强处理；其次，服务器端根据输入图像进行前处理，主要的处理步骤包括对视频和图像进行几何校正、去噪、对齐和降质参数估计，这些处理过程需要专业技术人员的参与；最

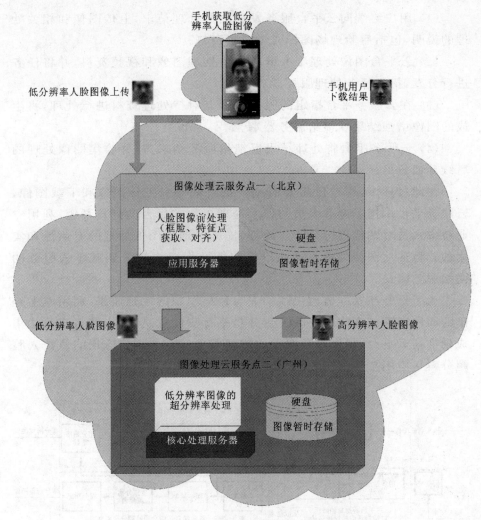

图 8-2 基于云计算的刑侦图像增强流程图

后,服务器端将超分辨率重建的主观图像通过网络将结果返回给服务请求端,这里的超分辨率结果将以多种算法并存的形式显示给服务请求方,如本书所提出的人脸全局脸和局部脸重建算法提供给警方对目标嫌疑人进行进一步的辨识和确定线索。

使用云服务平台的最大优势在于规避了单机版图像处理软件对操作人员的专业技能培训,将专业的图像处理与分析人员对图像恢复的各种参数和状态进行分析,提供更好的图像处理服务。综上分析,定制了如下服务流程：

（1）用户终端向云平台服务发送图像处理请求，上传图像和相关处理的说明，包括后验现场图像或者视频资料。

（2）云平台图像处理服务请求和待处理图像和视频资料，并将任务进行分发，指派任务处理服务器节点。

（3）在云服务平台指定的服务器节点对待处理资料进行处理，将生成的图像增强结果反馈给服务器端。

（4）云服务平台将处理结果反馈给服务请求方，并收集图像处理的后续反馈意见。

在此过程中，用户仅需要通过手机终端完成上传图像和下载图像，云服务平台承担了专业人员的技术处理工作和后台的计算开销，利用专业技术人员对图像进行分析与处理，提升了刑侦图像处理的专业性和实用性。将刑侦图像处理方式从单机软件操作模式转变到基于云服务的网络服务模式。

为了提升在实际监控视频中人脸目标图像的增强效果，利用本书提出的面向刑事侦查应用的人脸超分辨率算法的优良性能，并将该算法集成到刑侦云平台，提供人脸图像的增强服务。面向刑侦应用的监控人脸超分辨率应用架构如图 8-3 所示。主要分为三个部分：

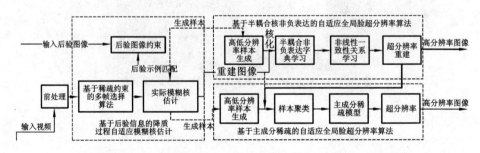

图 8-3　面向刑侦的监控人脸超分辨率增强框架图

（1）基于后验信息的降质过程自适应核模糊估计。该算法相当于人脸超分辨率的前处理阶段，主要解决输入视频多帧图像选择和后验图像约束获得实际降质模糊核参数。该算法的输入是视频片段和案发现场的后验图像，利用基于稀疏约束的多帧融合算法，克服多帧图像的随机噪声影响，通过后验图像约束获得实际降质模糊核估计和对应的重建图像，提升输入图像的质量。其中，获得实际模糊参数应用到后续步骤的样本制备过程,如图中虚线箭头所示;获得的重建图像作为后续步骤的输入图像。

(2) 基于半耦合核非负表达的全局脸超分辨率算法。在获得了输入低分辨率图像和实际降质模糊核后,该算法利用实际降质模糊核制备样本库;在此基础上利用核方法获得非线性表达,并利用提出的半耦合非负表达框架学习获得表达字典和非线性一致性转换函数,最后进行全局脸的超分辨率重建。由于全局脸重建图像着重于人脸的整体相似性,因此本书将全局脸重建图像用在两个方面:如图中粗线箭头所示,可以直接输入,也可以和后续的局部脸串联形成两步法输出人脸图像。

(3) 基于主成分稀疏表达的局部脸超分辨率算法。首先利用获得的实际降质模糊核生成训练样本,其次利用线性表达聚类对高低分辨率样本块进行聚类;利用样本块获得主成分表达基,在此基础上进行稀疏约束求解高分辨率图像。该算法的重建图像直接输出给服务请求方。同时,系统还结合第二步的全局脸算法,串联形成两步法进行输出。

经过上述三步,能够完成输入实际人脸图像的超分辨率增强,为了增加在极低质量下的人脸重建的多种可能性,本书实现了多算法的多输出图像,给警方更多的重建图像选择,提升人脸超分辨率重建的实际使用效果。

8.5　实际演示

为了检验本书所提出人脸超分辨率算法的实效性,在刑侦图像分析仪在武汉、洛阳、襄樊等地的使用期间,帮助地方警方侦破部分刑侦案件,表明本书所提出的人脸超分辨率算法在实际刑侦工作的实效性。下面是实际案例及案件中嫌疑人脸图像超分辨率处理效果展示。

8.5.1　模糊图像的实际演示 1

2011 年 5 月,组织实际视频监控环境下的演示。经过模拟分析,锁定嫌疑人在监控视频中的图像如图 8-4 所示,由于摄像头拍摄质量差,嫌疑人面部分辨率极低,无法确定嫌疑人的面部细节信息。通过网络模拟将案发嫌疑人视频发送至项目组开发的刑侦图像增强平台,利用本书提

目标嫌疑人脸图像

原始视频图像　　　　　　　　　　　超分辨率图像

图 8-4　实际图像增强效果图

出的超分辨率算法对该嫌疑人的人脸图像进行分析与处理，增强了嫌疑人的面部信息，如图 8-3 所示，顺利从人脸数据库中匹配获得嫌疑人信息。

8.5.2　模糊图像的实际演示 2

2010 年 8 月 11 日模拟某市一家属小区内发生一起偷盗案件，居民被盗金额较大，而且该团伙多次作案。经过细致分析，有可疑人员多次在小区门口徘徊踩点，从小区的监控录像中能够发现可疑人员的正面图像，但是由于监控摄像头存在严重的模糊，犯罪嫌疑人的人脸五官信息混叠，无法确定犯罪嫌疑人的面部信息，给案件侦查工作带来了困难。如图 8-5 所示，根据警方提供的视频资料，我们对嫌疑人图像进行定位和前处理，然后对人脸图像进行姿势变换获得输入的正面人脸，然后利用人脸超分辨率算法进行处理，获得的增强后的人脸图像。根据处理后的人脸图像发出协查通告，一周后根据本算法提供的人脸图像顺利获得准确的嫌疑人信息。

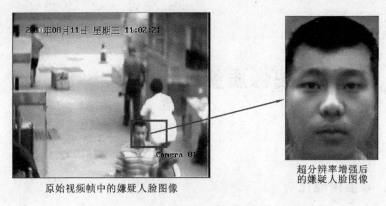

原始视频帧中的嫌疑人脸图像

超分辨率增强后
的嫌疑人脸图像

图 8-5　实际演示超分辨率增强处理图

附录 图像质量评估指标

1. 峰值信噪比

峰值信噪比（peak signal to noise ratio，PSNR），是常用的图像客观评价标准之一。该指标表示重建信号与原始信号之间的保真程度。在图像处理中，经过编码或者是重建得到的图像与原始图像相比会产生一些变化，为了衡量获得的图像与原始图像之间的差异程度，用原始图像与被处理图像之间的均方误差（mean square error，MSE）对数值来表示，它的单位是分贝（dB）。对于 $m \times n$ 的图像 I 和 K，均方差定义为

$$\mathrm{MSE} = \frac{1}{mn} \sum_{x=1}^{m} \sum_{y=2}^{n} \parallel I(x,y) - K(x,y) \parallel^2$$

其中：(x,y) 为图像的坐标位置，$I(x,y)$ 为该位置的像素值。峰值信噪比的定义为

$$\mathrm{PSNR} = 10 \cdot \lg\left(\frac{\mathrm{MAX}^2}{\mathrm{MSE}}\right) = 20 \cdot \lg\left(\frac{\mathrm{MAX}}{\sqrt{\mathrm{MSE}}}\right)$$

其中：MAX 表示图像点颜色的最大值，一般在灰度图中，最大值是 255。对于彩色图像，峰值信噪比是图像在各个颜色通道上峰值信噪比的均值。PSNR 值越高，图像的质量越好。

2. 结构相似性度量（Structural Similarity Index Measurement）

结构相似性度量（SSIM）是衡量两幅图像相似度的客观指标，其取值范围为 $[0,1]$，值越大表示重建图像质量越好。文献[108]提出了结构相似性度量的具体理论：从结构相似性理论观点来看，自然图像信号是高度结构化的，在图像中表现为像素间具有较强的相关性，在空间中邻近位置像素的相关性高，这种相关性蕴含着视觉场景中物体结构的重要信息。人类视觉系统的主要功能是从视野中提取结构信息，用对结构信息的度量作为图像感知质量的近似。结构相似性理论与原有的基于信号

保真度的图像质量测评方法完全不同的新思想。这一新思路的核心是实现了从对感知信号误差度量到对感知结构失真度量的转变。与峰值信噪比等指标相比，结构相似性度量没有通过累加与心理物理学简单认知模式有关的误差来估计图像质量，而是直接估计两个复杂结构信号的结构相似程度，在某种程度上规避了自然图像内容复杂性及多通道去相关的难题。结构相似度指数从图像组成的角度将结构信息定义为独立于亮度、对比度的，反映场景中物体结构的属性。用图像均值作为亮度的估计，标准差作为对比度的估计，协方差作为结构相似程度的度量。

亮度对比函数：

$$L(X,Y) = \frac{2u_X u_Y + C_1}{u_X^2 + u_Y^2 + C_1}$$

对比度对比函数：

$$C(X,Y) = \frac{2\sigma_X \sigma_Y + C_2}{\sigma_X^2 + \sigma_Y^2 + C_2}$$

结构对比函数：

$$S(X,Y) = \frac{\sigma_{XY} + C_3}{\sigma_X \sigma_Y + C_3}$$

其中：u_X、u_Y 分别表示图像 X 和 Y 的均值；σ_X、σ_Y 分别表示图像 X 和 Y 的标准差；σ_{XY} 表示图像 X 和 Y 的协方差。C_1，C_2 和 C_3 为常数，是为了避免分母为 0 而维持稳定。通常取 $C_1 = (K_1 * L)^2$，$C_2 = (K_2 * L)^2$，$C_3 = C_2/2$，一般地 $K_1 = 0.01$，$K_2 = 0.03$，$L = 255$（L 是像素值的动态范围，一般都取为 255）。

$$\begin{aligned}
\text{SSIM}(X,Y) &= [L(X,Y)]^\alpha [C(X,Y)]^\beta [S(X,Y)]^\chi \\
&= \frac{(2u_X u_Y + C_1)(2\sigma_{XY} + C_2)}{(u_X^2 + u_Y^2 + C_1)(\sigma_X^2 + \sigma_Y^2 + C_2)}
\end{aligned}$$

其中：$\alpha,\beta,\chi > 0$，用了调整三个模块之间的重要性，为了简化形式此处 $\alpha = \beta = \chi = 1$。

后 记

　　近年来,我国已经进入了社会高速发展期,国内安全形势严峻。国内实施的"平安城市"工程有效地提升了国家安全保障水平和能力。视频监控资料广泛应用到刑事侦查的各个方面,"视频侦查"已经成为刑侦技术中的第二大技术手段而到了广泛应用。人脸作为个人身份生物特征进行识别具有天然优势,然而在实际监控视频中,目标人脸离摄像机的距离较远,或者受噪声等因素的干扰,难以直接进行识别,人脸超分辨率技术能够提升图像分辨率,提供更多的细节特征,对于提升人脸辨识具有重要作用。

　　本书以基于学习的学科前沿人脸超分辨率算法为基础,分析了在实际监控视频人脸图像超分辨率技术中存在的理论问题与技术缺陷。从视频时域多帧图像获得输入的最佳图像帧,从案发现场的模拟条件下获得高低分辨率图像对计算实际图像的降质模糊核,然后建立高分辨率图像和模糊核联合迭代优化模型,获得实际模糊核估计。在全局脸超分辨率方法中,引入半耦合核非负表达算法,首先建立基于人脸形状特征分类的样本选择算法,建立先验自适应选择框架。然后,建立高低分辨率样本核空间的特征表达字典与特征转换关系的半耦合模型,同时获得高低分辨率图像的表达字典与转换关系函数,并将样本表达的线性关系推广到核空间,提升全局脸超分辨率技术在实际刑侦应用中的实效性。在局部脸超分辨率算法中,引入线性表达聚类算法,实现先验自适应选择,引入主成分稀疏表达模型,现实输入图像块噪声与图像内在特征的分离,提升图像在降质条件下的表达精度,进而提升局部块超分辨率算法对降质干扰的鲁棒性。最后,根据实际刑侦工作的需要,构建基于云服务的刑侦图像应用平台框架,实现移动终端的远程图像增强处理业务,提升刑侦图像增强工作效率与时效性。

　　具体来讲,本书的主要研究成果如下。

1) 基于后验信息的图像降质过程自适应估计

传统图像降质过程估计方法利用图像的通用先验知识对模糊核进行盲估计,然而由于实际降质过程的复杂性,导致实际图像的先验知识和通用图像的先验知识不符,传统利用图像通用先验约束降质过程的模糊核估计方法会增大实际降质过程估计误差,导致实际图像的超分辨率图像重建质量急剧下降。针对这一问题,本书在传统模糊核盲估计算法中引入实际现场后验图像提升实际降质图像先验的准确性,通过视频时域多帧选择模型,获得最佳质量帧作为输入帧,将传统的降质过程盲估计推广到基于现场后验图像约束估计,使得超分辨率算法在精确的降质过程和时域先验前处理条件下获得更好的重建效果,提升实际监控视频人脸超分辨率的实用性。

2) 基于半耦合核非负表达的全局脸超分辨率算法

学科前沿的全局脸超分辨率方法需要满足一个前提:高低分辨率图像表达系数的几何流形一致性。然而,实际图像的降质干扰使得高低分辨率表达系数的流形一致性受到影响,进而降低了超分辨率算法的图像重建性能。针对这一问题,本书在超分辨率算法中引入核非负特征表达方法,在获得具有局部信息表达能力字典的基础上,利用半耦合学习方法获得高低分辨率表达系数的一致性转换函数,利用半耦合框架揭示了高低分辨率表达系数之间的复杂关系,将传统的线性流形一致性扩展为非线性流形一致性,提升了实际监控视频超分辨率算法的有效性。

3) 基于主成分稀疏自适应局部脸超分辨率算法

局部脸超分辨率算法依赖于对图像内容的精确表达,然而实际监控图像中存在降质干扰,增大了超分辨率算法对图像内容表达的误差,进而导致重建高分辨率图像质量降低。针对这一问题,本书根据图像内容的特征系数稀疏性和噪声成分的非稀疏性,在基于传统局部脸超分辨率算法中引入主成分稀疏约束,根据图像内容自适应选择与其相关度高的表达基进行合成,将传统的基于图像块表达的局部脸算法扩展到基于自适应主成分稀疏表达的超分辨率算法,从而提高了局部脸超分辨率算法对降质干扰的鲁棒性。

4）基于深度协作表达的人脸超分辨率算法

受深度学习理论的启发,针对单层算法框架下表达精度不够等问题,本书提出了一种深度协作表达算法框架,将单层协作表达模型扩展成深度模型,构造深度的多线性模型分段拟合高低分辨率图像块之间的非线性关系,本书算法简洁高效,提供了一种新的深度学习模型,实验表明本书算法相比传统基于表达的算法和基于卷积神经网络的人脸超分辨率算法具有更好的主客观重建质量。

5）基于低秩约束的极限学习机高效人脸识别算法

在复杂的应用场景中,光照变化、遮挡和噪声变化等因素的干扰,使人脸识别性能降低。针对这一问题,本书提出了一种低秩约束的极限学习机鲁棒性人脸识别算法,首先利用训练样本子空间的约束性,将输入样本聚类到样本空间,其次利用低秩最小化获得对噪声鲁棒的结构化特征表达空间,最后将获得的低秩特征训练极限学习机的网络权值实现鲁棒性的人脸识别算法。

6）基于图像超分辨率极限学习机的极低分辨率人脸识别算法

极低分辨率图像本身包含的判别信息少且容易受噪声的干扰,导致识别率较低。针对这一问题,本书提出了一种基于图像超分辨率极限学习机的极低分辨率人脸识别算法,该算法首先通过稀疏表达对极低分辨率图像进行超分辨率重建,解决了极低分辨率图像与高分辨率图像维数差异的问题,并在重建过程中借助了联合稀疏字典,进一步丰富了重建后图像的特征细节部分。

7）基于云计算的刑事图像服务应用框架

在实际的刑侦应用中,分散的监控视频资料给刑侦工作带来了困难,特别是在进行图像增强处理时,需要对样本、输入图像进行处理,这些工作给一线刑侦人员形成了技术门槛。针对这些问题,本书在课题组前期开发的刑事侦查比对仪的基础上,提出刑事侦查数据资源中心框架,利用云服务技术实现刑事侦查图像增强服务,实现移动终端的接入与访问,实时传输图像数据获得专业的图像增强服务,目前该应用系统已经在实际案例中得到了应用,取得了较好的实际效果。

综上所述,本书为了满足刑事侦查工作中对低分辨率监控图像进行超分辨率处理的核心技术需求，从理论、方法和应用等多个层次探讨了基于学习的人脸超分辨算法在实际监控视频中的理论创新与应用瓶颈，在降质模糊核估计、全局脸超分辨率算法、局部脸超分辨率算法等研究方向上分析了现有算法的不足，提出了具有针对性的面向刑侦应用的人脸超分辨率处理算法，较好地解决了在实际监控视频中的人脸超分辨率问题。

低质量监控视频的人脸超分辨率问题近年来受到了广泛关注，目前已经取得了较为丰富的研究成果。然而，在极低照度环境下，多姿势、多表情的图像增强工作还有待进一步深入，这依然是一个巨大的技术挑战。同时，在低质量图像条件下人脸自动识别的鲁棒性特征提取与表达，也是一个具有挑战性的技术难题。下一步的研究拟从以下几个方面展开：

（1）对实际复杂监控场景的降质模型的进一步研究。现有模糊核估计算法假设模糊核在空间上是均匀分布的，然而现有前沿研究表明实际模糊核在空间上是变化的，特别是在复杂的监控场景下，对造成空间变化的图像降质因素进行建模和估计将有利于对实际监控图像的恢复，因此开展面向复杂监控场景的降质模型研究，有助于揭示复杂的高分辨率图像的退化过程，进而获得更为准确的先验知识，提升高分辨率重建图像的质量。

（2）对图像缺损鲁棒的非负表达超分辨率算法的进一步研究。由于非负矩阵分解的局部信息表达能力，其对于部分缺损的人脸图像处理上相比其他算法具有一定的优势，因此进一步研究在人脸图像部分信息缺损的情况下的超分辨率算法将会提升其在实际刑侦环境中的应用范围。

（3）多姿势、多表情、多光照条件下的复杂人脸超分辨率问题。利用基于现场实际降质过程先验重建和机器学习理论，研究对多姿势、多表情、多光照条件下的复杂人脸超分辨率的学习表达方法与图像重建方法，提升超分辨率算法的应用范围。